裸のネアンデルタール人

人間という存在
を解き明かす

リュドヴィック・スリマック 著　野村真依子 訳

柏書房

裸のネアンデルタール人

人間という存在を解き明かす

・本文中の〔　〕は訳者による補足である。
・外国語文献は、既訳がある場合は参考にしつつ、訳者が原文から翻訳した。

目次

はじめに

ネアンデルタール人の話題はこれまで盛んに取りあげられ、研究者だけでなく一般大衆も魅了してきた。今日《こんにち》、ネアンデルタール人をめぐるさまざまな科学的見解のなかには、根本的に異なるいくつかの潮流を区別することができる。本書の目的は、こうした対照的な見解を解説することではない。「ネアンデルタール人研究者」である私自身の特異な歩みをたどり、この〝生き物〟をひたすら深く理解することだ。

いま、生き物（créature）という言葉を使った。この先で、もうネアンデルタール人を同類とみなさないこと、つまりかれらは私たちの諸側面を投影した存在ではないのだと考えることが、なぜ重要なのかを説明しよう。完全に絶滅したこの人類は、私たちの抱く幻想をすべて足し合わせても及ばない存在なのに、私たちの視線でがんじがらめにされてしまった。私たちはかれらを同類に仕立てあげ、ありもしない姿に作りあげた挙げ句、無理やり歪めている。だから、ネアンデルタール人に固有の異質さを取り戻すためにも、私たちが抱いているおなじみの親しみやすさを取り除かなければならない。遠くに見えてはいても正体がわからない何かのように、この生き物の特徴は正確に捉えられない。振り払おうとしても振り払えない想像の靄《もや》に包まれているからだ。

私は二九年間この生き物を調査し、洞窟の地面を掘り、博物館の収蔵庫を探り続けてきた。本書では、北極圏から地中海の断崖までネアンデルタール人を追いかけてきた、私なりの視線を提示する。よってこの本は、私たちの素晴らしいいとこが歩んだ道を、自由気ままに探索する旅の本である。

もっともこの旅の物語は、私たちとは別の人類を、その本質から理解しようとするための口実にすぎないかもしれない。この素晴らしい人間的な生き物に向き合うための口実だ。数十年前に始まったネアンデルタール人の「再評価」は、どうやらこの生き物を私たちの視線に服従させ、その本質を理解する可能性を残らず潰してしまう営みでしかないらしい。そこで本書では、私たち自身や、私たちの観念、ものの見方、価値観にこびりついた垢《あか》を落とそうではないかと呼びかけている。それこそが、ネアンデルタール人を初めて正面から見つめ、ありのままの姿を捉える貴重なチャンスをつかみたいと思う者にとって、最低限の心構えではないか？

このような思考を紡いだ物語は、絶滅した人類の痕跡をたどる人間の歩みを表している。いうまでもなく、シベリアからローヌ川流域にいたる約三〇年がかりの長い道のりは、旅人の視線に少しずつ磨きをかけ、明確な形を与えてくれるような無数の出会いに彩られていた。人のものの見方を根底から覆すのは、決まって思いがけない出会いである。こうした無数の出会いが、サヘル〔サハラ砂漠南縁部に広がる乾燥した地域〕から北極圏、モンゴルからアナトリアまで、ネアンデルタール人が暮らした広大な領域に散りばめられ、いま本書に書き記す思考を形づくっている。異質な意見に触れさせてくれたこのような機会に、とても感謝している。ありがたいことに、私は幾度となくショックを受け、教えられ、考えを改めることができた。

ネアンデルタール人を追い続ける私は、常に洞窟での調査や膨大な数の打製石器の分析、調査報告や学術論文の執筆、学術研究の評価に没頭している。その一つ一つ、またはすべてが理由で、私はこれまで自分が得た知識を大勢の人と分かち合うことができなかった。

自分の考えを掘り下げ、人々と共有し、世に披露するようにと背中を押してくれたのは、やはり予想外の新たな出会いである。なかでも、ローゼン家の人々はまさに触媒のような役割を果たしてくれた。エリー、ミシェル、ローランスに深く感謝する。

当然ながら、この素晴らしい生き物は、私たちの社会の洗練された価値観にはまったく沿わない。ありのままの亡きいとこは、道徳的に正しいとはとてもいえないのだ。ネアンデルタール人のやり方《アプローチ》に接することは、世界の片隅で戸惑い、調子を狂わされる経験でしかない。だから、そのような経験のさなかで、多少なりとも自由な存在と思考に触れようと挑む必要がある。

よい旅《ボン・ヴォヤージュ》を。

第一章　ネアンデルタール人の正体

もう一つの知的生命体

二〇一七年一〇月一九日、ハワイ大学のパンスターズ1（Pan-STARRS1）望遠鏡が、太陽から高速で遠ざかる直径数百メートルの円盤型の物体を捉える。すぐさま、世界中の望遠鏡がこの火球に向けられる。急いで追わなければならない。この奇妙な物体は、秒速八七キロメートルを超える速さで飛び去ろうとしているのだから。とつぜん現れたこの円盤は、太陽系内で観測された初の恒星間天体にほかならなかった。ほどなくその天体は、「オウムアムア（'Oumuamua）」と命名される。ハワイ語で「遠くからやってきた偵察兵」という意味だ。観測の結果、その意外な形に加え、隕石であろうと小惑星であろうとこの種の天体には確認されたことのない異質な点が明らかになる。ピカピカと強い反射光を放ち、微量の熱を放射し、太陽のそばを通過したあとに不自然に加速したというのだ。そこで、名門ハーバード大学の理論計算研究所所長、エイブラハム・ローブが、天体物理学のまじめな専門誌『アストロフィジカル・ジャーナル・レターズ』に、「オウムアムアは、まさしく地球外文明によって意図的に地球周辺に送られた、十分に実用的な探査機の一部または本体だった可能性がある」という説を提示する。この仮説は多くの異論を呼ぶものの、世界有数の研究所に所属する正統な科学者たちが立てた説とあって、世界中のメディアに取りあげられる。

このただ一つの仮説、恒星間スケールの気が遠くなるような謎に、人々はまたたくまに魅了される。

なぜ魅了されるかといえば、人類の外に存在する知性の持ち主に惹かれるからである。それは自己と、自己を取り巻く物質的現実の途方もない複雑さとを十分に認識している完全な知的生命体、それでいて私たちには属さないらしい知的生命体なのだ。

この恒星間スケールの視野や、遠く離れた知的生命体への興味を目の当《ま》たりにすると、ヒトがいかに孤独な存在かを実感させられる。自己を取り巻く宇宙の謎一つ一つを分析できる意識をもった存在としては、ヒトはいまや、唯一生き残った生命体なのだ。さまざまな形の知性を備えた動物はほかにもいるが、意思疎通をはかり、相手と同等の立場に身を置き、議論できるような意識をもった存在は、人間以外にいない。

　ヒトから遠く離れた知的生命体は、謎に包まれた広大な宇宙にいまも存在するのかもしれない。少なくとも、過去の一時期には確かに存在した。それははるか昔の話に思えるものの、実はごく最近のことである。

　オウムアムアとはまた別の謎であるこの知的生命体は、数千年の時をかけて徐々に姿を消していった。これこそが人類の歴史における転換点であり、私たちが思い描くようなヒト以外の意識が存在し、私たちと出会い、関わりをもった最後の瞬間だ。かれらが消えたことで他者性は失われた。ただ、このかつて存在した他者性は、私たちが人工知能――ヒトに属さないであろう意識が道具として再生されたもの――に期待と恐れを抱くことと無関係ではないだろう。

　私たちの想像の産物がまじりあうなかで、心を大きく揺さぶるような幻想が形作られてきた。それは、すでにいなくなった謎の人類のイメージである。ただし、ヒト以外の意識をもつ存在、つまり絶滅した知的生命体は、人類の知性という狭い土台の上で、私たちが容易に認識できる形でしか定義されてこなかった。

　ネアンデルタール人は、まさにこのような遠い知的生命体の一つである。しかも、絶滅したすべての知的生命体のうち、おそらく最も魅力的な存在だ。

そして、遠い過去にこれらの人類が共存した結果が、ポップカルチャーから科学的思考の場にいたるまで、私たちの知性が生み出すあらゆるものに影響を及ぼしている。だが同時に、ネアンデルタール人は、ヘロドトスやコロンブス、ルソーやブーゲンヴィル（フランス最初の世界周航者で一七七一年に『世界周航記』を著した）が記録した人々、あるいはイシや*「愛の民族」タサダイ族――一九七一年に「新石器時代」のままに暮らしているというイメージで報道され、欧米人の妄想のなかで最後の原始人として注目を集めた部族――のような、時代ごとに再発見されてきた「最後の未開人」の代表格でもある。このような未開人は、常にそれぞれの時代における「最後の」存在であり、もちろんいまでも存在している。ときどきメディアに登場しては、改めて、そして毎度同じように、想像の世界に広がる壮大な先史時代の最後の息吹《いぶき》を体現する。このような最後の未開人たちは何千年も前から延々と連なっていて、雪男のイエティ（ヒマラヤ山脈に住むとされる未確認動物）やバルマヌ（Barmanou、パキスタンの山岳地帯で目撃情報が寄せられている二足歩行のヒト型未確認動物）、ジュール・ヴェルヌの神秘的な地誌に登場する国々など、失われた世界に対する私たちの期待と重なるのだ。

最後の未開人たるネアンデルタール人が私たちを駆り立てる未知の世界では、見捨てられた未開の地それぞれに、ヒトとは別の意識が出没する。私たちがあらゆる土地に入植し、地球のすみずみまで征服し、自然空間をことごとく破壊しようとしているにもかかわらず、この知的生命体たちは姿を消そうとしない。小島や渓谷や大陸、身を隠せる場所、雑草の生い茂る土地といった世界の境界部分で、あるいはウーゴ・プラット〔イタリアの漫画原作者〕のつかみどころのないケルト人の世界とムー大陸との間で揺れ動く、不確かな地誌に刻まれたどこことも定まらない空間で、現実世界の表象の端々につきまとうのをやめないのだ。

ネアンデルタール人が生きた遠い過去を示す証拠物からは、かれらがいまの人類とはまったく違う存在だったことがわかる。精神構造に関していえば、ネアンデルタール人は私たちの同類でもきょうだいでもいとこでもなく、それ自体で完結した別の人類だ。この人類の理解に努めることは、根本的に異なる意識と対峙するまたとない予行演習になるだろう。

＊「イシ」は、カリフォルニアに暮らしていたアメリカ先住民ヤヒ族の最後の一人の名前である。知られざるヤヒ族の社会は、二〇世紀初頭にイシとともに姿を消した。

ネアンデルタール人に立ち向かう

私がひたすら洞窟の地面を引っかいて過ごすようになって二九年になる。ただの洞窟でも、ただの地面でもなく、ネアンデルタール人の存在がいまだにつきまとう地面だ。この生き物を追いかけ、かれらが暮らし、食べ、眠り、同じヒトや別のヒトと出会い、死にさえした狭い隙間に潜り込んで二九年。だが、洞窟の汚い地面に手を突っ込み続けて二九年もの年月が経っても、ネアンデルタール人がどのような人類だったかを、いまだにはっきりとイメージできずにいる。地面から取り出し、分析し、迷い、(とくに最初のうちは)理解できたと思ったあとで、やっぱり違うと気づく。実際、はじめの頃はそういうものなのだ。この生き物を遠くから眺めていると、簡単かつ明確に理解できるという間違った印象を抱いてしまう。考古学者と人類学者は、クロード・レヴィ＝ストロースの著作のタイトル『遠近の回想』(邦訳はみすず書房、二〇〇八年)にあるように、「遠近の両方から」対象を見るように努めなければならない。だが、人類学のアプローチで、ネアンデルタール人を正しく理解できるのだろうか? 異なる文化をもつホモ・サピエンス(*Homo sapiens*)にほかならない「未開人」を人類の範疇から除外した者たちとは対照的に、ルソーはヒト上科

〔ヒトとヒトに近縁な霊長類の仲間を含む生物分類群のこと〕の人間性について自問した。人類の境界線は、これまでも常にはっきりとせず、曖昧だった。いまでは多くの社会が重心をずらし、動物とヒトを同等な存在とみなして、ヒトを生き物全体の一部として位置づけ直している。この生き物全体は、ヒトが社会的な枠組みを基にして把握できる全体よりも、はるかに捉えがたい。社会的枠組みは、ヒトを周囲の環境から人工的に切り離してしまうからだ。ネアンデルタール人は、この迷宮のどこに位置するのだろう？　私たちの無意識のなかでは、ヒトとこの生き物のどちらが先を歩いているのか？

ネアンデルタール人の特徴を説明した教科書ならいくらでもある。そうした説明によると、この絶滅した人種はオトガイ〔下顎の先端の突出部で、現生人類に固有の特徴の一つとされる〕を欠き、額がうしろに傾斜し、眼窩《がんか》上隆起が目の上に張り出し、脳の容量が私たちより大きい。背が低くずんぐりした体型に、がっしりした体つきで、手先が器用。四〇万年以上前に私たちと共通の祖先から枝分かれした。この教科書には、見事な筋肉や、私たちとはものつかみ方がやや異なる指の働きが図示されているだろう。また、大西洋岸からアルタイ山脈〔モンゴル西部と広大なシベリアを隔てる〕付近にいたる、この人類が繁栄した広範な領域についても解説されている。さらに、約四万年前のとつぜんの絶滅にも触れられているだろう。ただ巻末では、ネアンデルタール人が本当はどのような人類だったのかについて、はっきりとした結論を避けていることが多い。頭蓋骨の形や大腿骨《だいたい》のカーブ、親指の位置が、私たちをヒトたらしめているものを定義することは決してないからだ。まともな教科書ならその終盤で、骨の形という物的証拠を超えて冒険を試み、疑い、ためらい、不確かさに向き合う。逆に、絶滅したネアンデルタール人に関する限られた知識に基づき、疑念を払拭して結論を下せると豪語するような本もある。そんな本はいったん閉じて、ゆっくり再考したほうが賢明かもしれない。

事実、ネアンデルタール人の本質はいまだ明確にされていない。大きく広がる疑念を前に、私たちは人間の本質と、一時期共存していたほかの人類たちの本質を、明示できないでいる。

山の頂から、麓に開けた景色を眺めているとしよう。眼下に果てしなく広がる領域をひと目で見渡せるような気がするだろう。だが頂上から見た景色は、美しく絵になるとしても、遠くに広がる起伏でしかなく、谷間に暮らす人々のことも、建物の塊としか判別できない村々を走る路地のことも、小さなパン屋に並ぶパンの味のことも、教えてはくれない。高いところにいると遠くまで見えるが、誰かと出会うことはない。レストランから漂ってくる香りや、教会の石壁のざらつきについて、いったい何がわかるだろうか。麓に近づくにつれ、これらの小さな村々の入り組んだ小路が見えてくる。幾世代もの人々が希望を胸に、慎ましく暮らしてきた路地だ。

　ネアンデルタール人の肖像画も、まだあまりに印象派的で、三〇万年に及ぶ人類の生き様を描いた巨大なジグソーパズルは、多くのピースが欠けている。だから、現実の欠落を埋めるためには想像力に頼るしかないのだが、埋めなければならない部分が多すぎる。ネアンデルタール人は私たちの手をすり抜け、依然として謎のままである。ろくに土いじりに打ち込んでいないか、うわべだけの熱意で取り組んでいるかでなければ、もう謎はないなどと言い切れるわけがない。この生き物について語る研究者を、大きく二つのカテゴリーに分けてみるとおもしろい。それがどんな生き物だったか理解できていると思い込んでいる研究者と、どんな生き物だったのだろうかと迷いながら問い続けている研究者である。これ見よがしにメディア空間を埋める一流学術誌のタイトルを見るかぎり、前者が優勢なようだ。後者はまるで目立たない。迷いがある者は、長い間慎重に沈黙を続けるからだ。土まみれの手でひたすら地面を引っかき、この生き物が残したものを調べているのは、一般にこの無口な研究者たちである。それにしても、このネアンデルタール人はいったいどういう生き物なのだろう？

　ネアンデルタール人が暮らした洞窟のなかで十分な時間を過ごしていない人や、ネアンデルタール人が断崖の片隅に隠した無数の遺物を見つけていない人が、どうやってかれらについて語れるというのだろう？　この生き物が暮らした空間に向き合うことも、獲物を追う狩人《かりゅうど》のように何十年もかれらを追いかけることもせずに相手について語るのは、独りごとをつぶやくのと変わらない。数十年にわたって洞窟という記録の保管庫から直接情報を取り出す作業は、この絶滅した人類について何かしら理にかなったことを言うための最低条件である。博物館の段ボール箱のなかでしか出会ったことがない相手について的確に語れると考えるのは、私に言わせれば非常識きわまりないことだ。燧石《すいせき》（火打石）も獲物の骨の残骸も、めったにない遺骸でさえも、白い壁に四方を囲まれた部屋で段ボール箱に収められていては意味をなさない。そうした遺物の意味を少しでも理解したいと思うなら、洞窟の素材に自ら容赦なくぶつかっていく必要がある。かれらが通ったのと同じ、雑草の生い茂る道をたどって探究に出かけることだ。数カ月の遊び半分の発掘作業でも、その味わいくらいは感じられるだろうが、匂いを嗅《か》ぎとることも、そこから取り出せればと期待しているものを正確に把握することもできない。

ネアンデルタール人の土地を遊び半分に訪れてはならないし、かれらは代理人を介して会える相手でもない。民俗学者がガラスケースに入った鳥の羽根の古い装身具を眺めたり、白黒写真の古いアルバムを調べたりしても社会を理解できないのと同様、考古学者も博物館の引き出しを開ければこの人類を理解できるだろうなどと期待することはできない。

そういうわけで、この生き物が私たちの願いどおりにも望みどおりにもならないことはよくわかっている。臆病なヒト上科であるネアンデルタール人は、私たちが立ち向かえる相手としては最も捉えがたい生き物なのだ。

たとえるなら、フランケンシュタインの怪物に少し似ている。フランケンシュタインが生命を創造しようとして作ってしまった怪物は、固有の意識を備えていたために作り手には制御できなくなる。この怪物もネアンデルタール人も、死者の影に隠れていて、自身の思考も言葉ももたないという点で捉えがたい存在なのだ。

ネアンデルタール人が生き物の世界から姿を消して四万二〇〇〇年後、研究者、実験者、見習い魔法使いは、生物学的消滅という沈黙に追い込まれたこの人類の名残《なごり》に何かを語らせようとしている。死体をつなぎ合わせて、この生き物を生き返らせようと試みているのだ。なかには、聖杯を探し求めるように、この試みに本気で乗り出した者もいる。消えた人類に語らせようなど、思いあがりもいいところだ。グラスもアルファベットも使わない交霊術みたいなものだろうか？　腹話術を使った奇妙で不気味な遊びともいえる。

口がきけない死んだ物質に何かを語らせるには、洞窟の塵《ちり》に手を突っ込む苦労が必要である。地面を引っかき、無数の燧石や骨や炭を掘り出すのだ。だが、ネアンデルタール人が過去に存在したことを証明するこれらの遺物は、理屈と想像の相互作用がないかぎり、つまり私たちの思考やイメージのうちに取り込まれ、理論的な検討を経たうえでなければ、私たちに何かを語ってくれることはない。

こうしてこの生き物は、事実と表象の間、類似性と他者性の間、同類と別物の間で揺れる振り子のように、紐一本でぶら下がった心もとない状態に置かれる。私たちと同じ、違う、同じ、違う……。

哀れなこの生き物は、私たちの意識の揺れに振り回される関節の外れた操り人形なのだ。

結局、ネアンデルタール人は何者だったのだろうか?

私にとっては、昔からの道連れのような存在になった。一緒に道を歩んでいるが、実はあまりよくわかっていない相手みたいなものだ。ネアンデルタール人は私たちの同類だ、という言葉は何度も聞いたことがある。昔なじみのいとこかきょうだいのような存在は、私たちのやや人種差別的で外国人嫌いな視線の被害者である。あのいけ好かない原始人のイメージの犠牲者。

だが、かれらは本当に私たちと同じだったのか? なかなか鋭い質問だ。

私としては、同じ道を歩むなかで相手への理解を深めるという理想的なプロセスを経る代わりに、自分たちのイメージに合わせて少しずつ肉づけしているのではないか、という気がしてならない。自己意識を備えた生き物が、私たちのようなヒトとは根本的に異なりうるという、ただそれだけの考えに、私たちは本能的に嫌悪感を抱き、動揺してしまう。それで、ネアンデルタール人を自分の想像に従って作りあげていくのだ。イメージを明確にするのとは違う。おそらく自己陶酔的なやり方で、かかしに服を着せるように、妙な服を着せるわけである。かれらは絶滅したことによって姿を変えられ、いまだに私たちの手の内で生命のない人形のように作り変えられている。ヴィクター・フランケンシュタインは実験を試みた先駆者にすぎない。私たちは不気味な創造者として、過去の人形を蘇らせることに長けてしまった。

確かにネアンデルタール人は印象的で、私たちがあれこれと付け加えたイメージのせいでときには恐ろしいくらいだ。ただ、少し注意して見れば、私たちの幻想によって妙な格好をさせられているとわかるはずだ。『原始家族フリントストーン』（アメリカで一九六〇～六六年に放送されたテレビアニメ。フリントストーンは燧石のこと）風に仕立てられたかと思えば、スーツにネクタイ姿で登場したり、妻の髪の毛をつかんで引きずったかと思えば、地下鉄の切符にパンチを入れたり、という具合だ。思い出のなかで美化される「私の兵士」のように……。

ネアンデルタール人が何者だったかを「理解している」研究者の話に戻ろう。外からは見えないが、研究者の世界では熾烈な戦いが繰り広げられている。一方は、ネアンデルタール人は私たち自身にほかならないと考える。他方は、かれらは太古の人類であって、知性が劣ると考える。いわば下等な人間、人間に及ばない存在、あるいはここで「人間」にかかる別の形容詞を使ってもいい。一般に（マーベルのキャラクターを修飾する場合を除いて）否定的な意味にしかならない言葉だ。

それは見解をめぐる戦いではなくイデオロギーをめぐる戦いであって、どちらの陣営もぬかるみ——残念ながら洞窟のぬかるみではないが——にさらにはまり込むか、立ち往生するかのどちらかしかない。勇敢な兵士「ポワリュ」（第一次世界大戦中の兵士を指す表現。本来は「毛深い人」の意）がホモ・ピロスス（毛深いヒト）に置き換わった塹壕《ざんごう》戦である。

では、ネアンデルタール人は自然と文化の間に位置するヒトなのか、それとも洞窟に住む紳士なのか？

ネアンデルタール人の魂を探る

両陣営が意見の異なる人々の視線に惑わされつつ描いたネアンデルタール人の肖像は、極端に単純明快で、本気で相手にするには小ぎれいすぎるか、あるいは混乱を極めているかのどちらかとなった。さまざまな死体をつなぎ合わせた結果、この生き物は私たちの手をすり抜けてしまった。歴史的・科学的な現実としてではなく、むしろ、私たちによく似た霊魂をもつ集団が固有の生命を備えたものとして、である。この生き物は、研究者を含めた（研究者も想像力を欠くわけではないのだ）人々の想像の領域をさまよう。こうして近年の考古学的発見に伴い、ネアンデルタール人は貝殻とワシの鉤爪《かぎづめ》をあしらった装身具をつけ、猛禽《もうきん》類の羽根を頭に飾り、笛を吹き、洞窟の壁に絵を描き、人間精神のあらゆる大革新の担い手となり、武器をもって戦い、まだアジアとアフリカの快適な領域に閉じこもっている私たちの生物学的な祖先に肩を並べ、さらには凌《しの》ぐ北の王となった。

芸術家としてのネアンデルタール人は、同じように力強い霊魂をもつ集団と真っ向から対立する。それは森で暮らす先行人類、太古のトロールの鏡像であり、石と苔《こけ》に象徴される人類の鏡像だ。これについては二つのエピソードが思い浮かぶ。私がスタンフォード大学でポスドク研究員だった二〇〇六年、ある教授がネアンデルタール人に関するセミナーを開いた。教授の分析は、ネアンデルタール人の認知能力を、その体つきの原始的な特徴と結びつけたものだった。教授はネアンデルタール人の頭蓋骨をスライドで見せながら、「皆さんはどうか知りませんが、私が飛行機に乗って、パイロットがこんな頭をしていたら、すぐに降りるでしょうね」とコメントした。教室は笑いに包まれた。聴衆の気を引くためのに、タイミングよくきかせたユーモアだった。けれども、そのユーモアはある一つの思考の構造を暴露していたし、その思考も露骨だった。もう少し説明しよう。その数年後にロシアで、「かれらは〔私たちとは〕違うんだ」と繰り返す科学アカデミーの重鎮と議論した際、私は相手に、その違いとはどのようなものなのか詳しく説明してほしいと頼んだ。真夜中になって議論が行き着いたところは、「リュドヴィック、かれらには魂がないんだ」だった……。

この研究者には、そのような表現を使ってくれたことをいくら感謝しても感謝しきれない。その表現が、ネアンデルタール人に対する私たちの理解のあらゆる面を構成する、これまで明言されてこなかった無意識の前提を露骨に照らし出したからである。

この二つの概念が両立しえないのは直感的にわかる。芸術家・画家としてのネアンデルタール人と森で生きるネアンデルタール人のどちらを絵空事と判断するのかを、決断する必要があることもわかる。対立するこれらの視線の真ん中をいく道はないのだ。

では、ネアンデルタール人は最下層の生き物なのか、それとも深淵を見通せる天才なのか？

この生き物は私たちの無意識に潜んでいて、現時点ではそのどちらでもないと認めざるをえない。ネアンデルタール人は私たちのきょうだいでもいとこでもなく、研究対象である。いずれにせよネアンデルタール人は、差異や他者性や分類がかつてないほどタブー視されるようになった世界で人々が親しんでいるものには一切従わない。この生き物は既成の価値観を覆す存在でしかないのだ。このような転覆は私たちの知性に対する挑戦である。私たちは、このような研究対象に立ち向かうのに十分な武装ができているだろうか？

人間にとってオオカミはあくまでオオカミ……

伝統的な社会の例にもれず、欧米でもタブーを犯す者は激しく拒絶され、その集団から追い出される。

ネアンデルタール人が私たちとは異なる、ヒトならぬヒトだったとしたら、私たちは社会の奥底にあるタブーを犯すよう迫られるだろう。では、私たちは自身の価値観に潜む道徳的限界に挑まなければならないのか、それとも思考の形を整え、自らの価値観にかなう状態を維持しなければならないのか？　私たちの視線は、社会的に最も理解しやすい方向に、おとなしく向けておかなければならないのか？

協調性、ある種の反世間的な姿勢、集団の視線のいずれによっても、私たちは相対化に向かう。結局のところ、真実が存在しなかったとしてもそれが構築できるものであるのなら、相対化は問題ではない。それならストレートに構築しよう。なぜ迷宮のような真実に立ち向かおうとするのか？

　この真実が扱うのは、私たちにもその祖先にも帰せない、ヒト上科の生き物が備える知性の微妙な定義だ。このようなヒトは、人間とは何かをめぐる私たちの理解そのものを規定する精神構造には、おそらく縛られない。数十万年にわたって別々に進化したことで私たちとは隔てられた、別の知的生命体である。その意味で、この生き物は地球外の存在と同じくらい私たちから離れているともいえる。両者の間には、隔たりを生み出す、しかもほぼすべてを消し去ってしまう時間と、絶滅とが存在するのだ。

　考古学でも民族誌学でも、直接の証拠だけが大きな価値をもつ。たとえネアンデルタール人だけを専門に扱う図書館が存在しても、一定の妥当性を有するのは、このヒト集団が残したものと直接向かい合うことだけである。考古学的遺物と向き合う場合に、証拠物が研究主題と混同されることはないのだろうか？　場合によってはある。それが、主題がいつも私たちの手をすり抜けがちで、しっかりつかめない理由でもある。この生き物は、いまだに合理的で明白な形をもたない。ネアンデルタール人研究の歴史、私たちがネアンデルタール人をどう描写してきたかの歴史、その骸骨の構造、遺跡の分布図、技術や遺伝学などを説明した文献は無数にあり、膨大な専門資料の集大成が存在する。とはいえ、資料構築がいかに体系的でも、そこから現実の思考、ものの見方、対象を遠近から見た見解を抽出する困難さは隠せないのだ。

　ネアンデルタール人の骨盤の形や、使われていた燧石の塊の形状に興味があるなら、前述の資料を見れば消化できないほどの情報が得られる。だが、自分とは異なる人類の支配下にある世界がどのようなものだったかを、たとえ表面的にでも理解しようとするなら、そうした文献を見ても失望するだけだろう。

　つまり、本書はそうした文献とは違う。

図書館を出て現地に赴き、かれらが暮らした遠い土地の岩場の住処《すみか》までこの生き物を追いかけ、時間的な隔たりをものともせず、できるかぎり近づき、多少なりとも時間に逆らい、かれらがどのようにして絶滅したのかを理解しようとするからだ。

　取りあげる主題が証拠物と混同されるのと同様に、本書の記述では、ネアンデルタール人を研究し追いかけてきた、私自身の歩みを彩るいくつかの場面も紹介しようと思う。

　さまようべき土地は、私が最も古い時代の北極地方の集団と格闘することになった北極ウラルの急斜面や、奇妙な食人種に遭遇したローヌ川流域や、あるいは興味深いシカの狩人——最終氷期に先立つ一〇万年前のヨーロッパの広大な原生林で、成熟した若い雄だけを追っていた——を発見した〝プロヴァンスの巨人〟ヴァントゥ山の山腹である。道中、私はネアンデルタール人の視線がどのようなものだったかを問い、自分の視線に疑問を投げかける。生と死にまつわるかれらの儀礼を理解しようと試みる。かれらの生き方を探ることで、私たち自身の人間性と自分たちの視線の脆《もろ》さを自覚する。かれらを元のイメージどおりに受け止める。かれらはヒトでもサルでもなく、固有のあり方で私たちではないヒトとして存在する……。研究者としてのこのような歩み、思考、発見、問い、ためらいは、旅への誘いに等しい。身も心も、本物の旅行のような壮大な旅へ向かうのだ。遠くへ（もちろん、遠くへ行くに決まっているが）、ただし座ったまま、いやむしろ這《は》って向かう旅である。こうして訪れる岩場の片隅や大河の土手には、空間的にも時間的にも遠い人々について教えてくれる情景や活動や無数の逸話が、太古の昔から凝固し、化石化している。この人々は取り返しのつかない形で私たちの記憶から消し去られ、もはや生き返ることはない。

絶滅

なにしろ絶滅したのだ。終焉である。

思いがけない、とつぜんの終わり。そして目の前には、手がかりのない気が遠くなるような謎が立ちはだかる。ということは、どの人類もいきなり絶滅するのだろうか？

かつて私たちにあれほど近かった人類が丸ごと消滅したのだから、誰もがことあるごとに問うに違いない。人類は本当に姿を消せるのか？　と。

本書で取りあげる問いのなかで、最も易しいものがこれである。だから冒頭で答えておこう。人類は絶滅しうるだけでなく、その絶滅は明確かつ決定的に証明された事実でもある。もっとも、ネアンデルタール人の痕跡は、かれらが先祖代々暮らしていた土地を現在占拠している集団のゲノムに今でも残っていることが、遺伝学者によって明らかにされている。だがその同じ研究は、ネアンデルタール人が遺伝学上、私たちのなかに埋もれてしまったのではないこと、私たちの祖先との交雑を示すそのわずかな遺伝子は、この集団の存続を示すものではないことも証明した。これらの遺伝的痕跡は、生物学的に離れた、おそらく完全には交雑可能ではなかったと思われる集団どうしが遠い昔に出会った印である。この遺伝的痕跡を基に、絶滅を相対化してはどうかとそれとなく提案する声もある。絶滅は一種の希釈でしかなかったのだろう、というのだ。このような発言は科学的に誤りであるうえ、根本的に皮相でもある。

オオカミのすべての種が地球上からとつぜん姿を消したと想像してみよう。さらばオオカミ（*Canis lupus*）。次に、ネアンデルタール人の遺伝子が、私たち現生人類のうちに希釈されたという理論を当てはめてみよう。この硫黄臭い錬金術の結果は、オオカミの遺伝子のあらゆる部分がプードルというイエイヌ（*Canis lupus familiaris*）のゲノムに見分けられるのだから、オオカミは本当には絶滅していない、と断言するのと同じことになる……。

オオカミはネアンデルタール人より幸運に恵まれたとはいえ――オオカミは絶滅していない――、オオカミより長生きするであろうプードルが、その素晴らしいいとこの遺産を自分のものだと主張するなど無理な話であることはすぐに理解できる。

ネアンデルタール人にとって、プードルとは私たちのことだ……。

ここで言いたいのは、私たちが元の野獣をかわいらしく家畜化したバージョンだということではなく、プードルがオオカミの名残でないのと同様、ネアンデルタール人も私たちのうちに生き残ってはいないということだ。ネアンデルタール人は確実に、完全に絶滅した。人類のこの系統はもう存在しないし、本書でこれから問うかれらの特性も、取り返しのつかない形で同時に失われてしまった。

人類最大の絶滅と、実際には起こらなかった遺伝的な希釈とを同一視して、絶滅の衝撃を和らげようという誘惑には、ともすると修正主義的な胡散臭《うさん》さが漂っていないだろうか。それは、ユーラシア大陸全体へのホモ・サピエンスの拡散と、かつてなく大規模な人類の絶滅との見事な対応関係から、目をそらすことになるのではないか？

実際、ヨーロッパに入植した私たちの祖先に、ネアンデルタール人絶滅の責任はないとみなすことは簡単だ。この二つの出来事の間に存在しうる関係は、二つが同時期に生じたと確認できないかぎり、一般には判別できないからである。ところが、このような大昔のことについては、時間はだいたい一〇〇〇年単位で表現される。この一〇〇〇年から二〇〇〇年のずれは、炭素14（放射性炭素）年代法の統計的な不正確さが原因である。私たちのアプローチの精細度でいえば、昨晩、左右をカール大帝とカエサルに挟まれて夕食をとったとしてもおかしくないくらいだ……どうぞ召し上がれ……。

この瞬間を正確に裏づける考古学的データは、実際には極めて広範囲に分散しているうえ、年代測定法は、ホモ・サピエンスのヨーロッパへの入植と先住民であるネアンデルタール人の絶滅とを結びうる何らかの関係を明らかにするにはあまりにも不正確である。だが、ネアンデルタール人の絶滅に多少なりとも興味がある人なら、この絶滅につながったプロセスをめぐるますます多くの情報と驚きの新説が、一般大衆向けのメディアを定期的ににぎわせていることにきっと気づいているだろう。これほど大量の情報を前にした大衆は、ネアンデルタール人の問題を解明するために、今日《こんにち》では現場での考古学研究が力強く推進され、その成果に基づいて、尋常ならざるリズムで私たちの知識が根本から改められていると想像することだろう。だが、謎を解き明かそうと洞窟の記録を大々的に調査する、夢のような大規模国際科学プログラムなど、ただちに諦めたほうがいい。そんなものは一切ないのだ。

フランスは、いまだに先史時代に関する国際研究の大国とみなされているが、少なくとも一九八〇年代初め以降、新たなネアンデルタール人の遺体が発掘された発掘調査は一つもなく、新たに見つかった燧石およびヒトの骸骨と遺骸を含む完全な考古学的層序《そうじょ》〔ある地域における時代に沿った地層の重なり〕のうち、この集団の最後の数千年に関する知識を正確に改められたものはほとんどない。

生体分子解析の急速な発展によって、調査手段が目を見張るような進化を遂げた一方、計画的な調査も予防考古学〔開発や建設工事の機会に明らかになった考古学的遺跡を保護するための学問、およびそうした遺跡の発掘調査や保護措置〕も、四〇年以上にわたって科学的考証の根本的な基盤を改めることができていない。ネアンデルタール人の絶滅は単純な事実である。一つの人類とその先祖代々の生活様式が消え、急に後期旧石器時代という、ヨーロッパではサピエンスの力強い人口増加の波として現れる新たな時代に置き換わったことが確認できるのだから。

美術は時代の架け橋

私たちは、この新時代の到来が何を意味するのかをよく理解しなければならない。四万年以上前にネアンデルタール人がひっそりと死に絶えた事実が、忍び込む冷気のように予告した新時代だ。装飾を施した洞窟と象牙の小像《しょうぞう》を特徴とする後期旧石器時代は、ぶつかり合う石と動物のうなり声が入りまじった、夢のような遠い昔に感じられるだろうか？それはまったくの間違いである。ヨーロッパにおける最初のホモ・サピエンスの時代とは、私たちの時代である。この人類は私たちにほかならない。私たちそのものだ。この人類のヨーロッパ君臨後に知られているすべての人間社会は、この人類が担ってきたものであって、根本的な相違は一切ない。この祖先の社会では、四万年前に作られたものでさえ、すべてが私たちにとって親しみのあるものだ。たとえば巨大な住居建築（マンモスの骨を使用して建てられた、中央ヨーロッパにおける遊牧民の本格的な集合住宅）や、研磨した象牙の小像に見られる手仕事と様式化された優美な線などがそうである。三万四〇〇〇年前に地下の聖所《せいしょ》の壁に描かれたシンボルは、ルネサンスや印象派の画家たち（ドガ、モネ、ルノワールなど）の傑作にも引けをとらない。

これら旧石器時代の美術には、私たちのすべての社会を構成するさまざまな面が現れている。こうした美術と私たちを結ぶ有機的な絆《きずな》は、まるで時の厚みなど存在せず、時間は現実に影響しない些末な事柄にすぎないかのように、数千年を淀《よど》みなく流れて時代を下り、力強く続いている。四万年前に私たちサピエンスの祖先が描いた最初の絵から、地下道のコンクリート壁に描かれたグラフィティまでを区切るのは、「。」ではなく「、」でしかない。一九世紀から現在までのゴーガンやピカソといった型破りな（本物の）画家たちが、そのことを感じとり、伝えている。かれらは、先史時代の美術とプリミティヴな美術とを結ぶ絆の衝撃、そして鋭敏な芸術的感性を通して自明の理のごとく全身で感知した衝撃を、言葉に、形に、色に表したのだ。

ネアンデルタール人の美術がどのような姿をとりえたかについて、何も知らないことは率直に認めなければならないが、サピエンスの美術が確かに「美術」であることはわかっている。

ラスコーから《ゲルニカ》までは、たった一歩である。一歩といっても、歩行や前進の一歩ですらなく、ぶらぶらと歩く一歩である。キュビスムやフォーヴィスムや印象派の画家たちは、数万年前にすでに描かれていた明白な事実を再発見しただけだ。世界中のあらゆる時代にまたがるサピエンスの美術が互いに似かよった総合芸術であることを発見して、誰もが仰天した。一九〇五年、フォーヴィスムの画家アンドレ・ドランは、同じくフォーヴィスムの大画家であるヴラマンクに宛てた手紙に、「ロンドンの大英博物館やアフリカ美術の展示を見て少し心を揺さぶられました。素晴らしい、衝撃的な表現です」と書いた。

洞窟壁画の元祖ともいえる見事なアルタミラを訪れて仰天し（満足したのかもしれない）、「何もかもかれらが考えだしたんだ！」と叫んだのはピカソである。

美術が数千年の時に耐えられるのには、どんな秘密があるのだろう？　美術どうしがこれほど容易に通じ合い、異なる時代に自由自在に橋を架け、最初からその本質を完全に表現しているとは、どういうことなのか？　数万年の年月が、説明の必要もなく、一つの感受性、一つの視線、一つの繊細な心情表現に集約されるとは？

時間的な手がかりが一切ないこの連続性は、先史時代から原初芸術にいたるサピエンス初期の美術を完全に包みこんでいる。サピエンスは一つの存在なのだ。教育というヴェールだけが、人類の普遍性、つまりホモ・サピエンスの普遍性を理解する鍵を、一見しただけでは見えないように隠している。原初の洞窟壁画に落書きされたその鍵は、人間活動によって様変わりした私たちの人為的な世界を理解する手がかりである。サピエンス出現後のあらゆる社会を理解するすべての鍵は、あまりに明白なために見えていないが、私たちの目の前にある。ドランが述べるのは、このような事実から引き出せるおそらく唯一の結論といえるものだろう。「必要なのは、永遠に若いままでいること、永遠に子どもでいることだろう。そうすれば一生、素晴らしいものが作れる。逆にものごとをわきまえると、人生によく適応した機械になるが、ただそれだけだ！　……」

さようなら、わが伴侶。大好きだったよ……

時の厚みにもかかわらず私たちの視線を受け止める、こうした明白な事実は、同時に、ネアンデルタール人は私たちが想像するようなヒトではないのかもしれない、とも思わせる。

私の昔なじみであるネアンデルタール人のところには、時を超えて強く訴えかける巨大な洞窟壁画も、象牙やシカの枝角《えだづの》を加工した風変わりな装身具も、色鮮やかな石を研磨して仕上げた動物や人間の小像もない。あるのは、美しいには違いない石器と、ときとして崇高なまでに極められた見事な工芸である。だが、作られた刀や道具や武器を通してのみ語られる人間社会が、どこにあるというのだろう？

どこにもないのではないか？

ネアンデルタール人の洞窟美術について聞いたことがあるだろうか。骨を彫って作られた響きのよい笛については？　ワシの鉤爪や貝殻に穴を開けて作った美しい腕輪については？　猛禽類の羽根をあしらった、ほとんどアステカ風かラコタ風の華麗な頭飾りは？

これらに好奇心を刺激されたのであれば、すぐにネアンデルタール人の美術を扱った章へ飛んでほしい。ただし、予想を裏切られる覚悟をしよう。この生き物が目を見張る感受性を示したとしても、それが私たちの感受性に重なることは決してない。この先で、かれらの異質な感受性の鋭さについて考察しよう。それは今日でもまだほとんど探究されていないテーマだ。

ネアンデルタール人は、おそらく私たちの同類ではない。現生人類が人間と同義になって以来すべての人間に固有の、先ほど説明したような感知可能な明白さは、ネアンデルタール人には無縁なようだ。かれらは私たちと異なるだけでなく、絶滅した。それも、砂糖の塊がお湯に溶けるように、私たちの遺伝子のうちに希釈されて姿を消したのではない。私たちのうちにあるネアンデルタール人の遺伝子はごくわずかで、しかも人類のさまざまな集団に不均等に分散している。だから今日では、このような人類の絶滅は、絶滅する人類が新たな人類の母体《マトリックス》になるというような、ありそうにない食人種の愛の物語によるものではないと断言してよい。そのような奇妙な絵空事に従えば、私たちの一部は絶滅した人類の跡継ぎだということになってしまう。実は、異なる種の交雑は生物界では少しも珍しくない。ネコ科、イヌ科、クマ科、イノシシ科のすべての種はいずれも交雑可能であり、実際にタイゴン（雌ライオンと雄トラの雑種）、ライガー（雄ライオンと雌トラの雑種）、イノブタ（イノシシとブタの雑種）がいるが、このような交雑がライオンやトラ、ブタやイノシシの運命を、何か説明するわけではない。

人類の絶滅を、一方が他方のなかに溶けてしまうという食人種の完全かつ絶対的な麗しい愛の物語に結びつけようとは、なんと奇妙で矛盾した考えだろうか。美しく、耳にも心地よい物語には違いない。人類の絶滅ではなく愛の融合、1＋1＝1というわけだ。さようなら、わが伴侶。大好きだったよ……。

そして部外者の私たち、哀れな研究者や考古学者は、生きているヒトと死んだヒトが、先住民ネアンデルタール人の土地であり、その絶滅の現場でもあるヨーロッパの広大な領域で交雑していたとしても、それを知らないというわけだ。こうしてカエサルやカール大帝との、よくわからない不思議な夕食の席に戻る……。

現在のところ、二つの人類の出会いを確実に証明できるほど正確な年代測定が得られている考古学的遺跡は、ヨーロッパ大陸全体を見渡してもほとんどない。犠牲者の身元は特定されたが、遺体は見つかっておらず、殺人犯の身元も不明。犠牲者が容疑者と会ったかどうかすらわからないのだ。

陪審員の皆さま、現時点では証拠不十分のため閉廷とします。被告人を釈放してください。そして専門家たちはたいてい被告をさっさと釈放する。なかには、私たちサピエンスの祖先は、完全に放棄された、数百年か数千年にわたって人類が存在していなかった土地に定住できたのだと考える者までいる。ここで犯罪か殺人が行われたかどうかを知ることは不可能である。ただ単に、考古学的観点からは見えないからだ。完全犯罪である。確かに、紛れもない入植という明白な動機はあるが、凶器はどこにあるのか？　被害者の遺体すら見つかっていない。それに現場不在証明《アリバイ》は避けられない。二つの人類が物理的に出会ったことは、ヨーロッパのいかなる領域でもはっきりと証明できないのだ。

勘違いしないでほしいのだが、この三重の口実は言い訳にはならない。（これらの口実は、）四万二〇〇〇年以上前に繰り広げられた出来事に対する考古学的記録のお粗末さを明らかにしているだけで、実際に起こったことについては教えてくれない。

では結局、ホモ・サピエンスのヨーロッパ大陸への入植に、ネアンデルタール人絶滅の動機と経過の両方を含めてよいのだろうか？

データを突き合わせると、この問いは避けられない。現実には、最新の方法を使って考古学的・遺伝学的・年代学的データを綿密に検討すると、この出会いが確かに起こったことを示せるようになる。捜査によって、一部のヒト集団が築いた具体的な関係について真相を明らかにすることもできる。動機は理にかなった形で確立され、アリバイは崩れる……。

あとは実際に何が起こったかを理解するだけだ。できるかぎり現実に迫るためには、最大限に具体的かつ正確な考古学的データに基づき、厳選した考古学的遺跡で長期にわたる綿密な調査を行う必要がある。また、見方が偏らないように、自分が考えて組み立てたものと浮上した図式に対して、およびネアンデルタール人に関する権威ある学説について、十分な距離をとって眺めることも必要だ。

裸《ありのまま》のネアンデルタール人に到達するためには、羞恥心を捨てて、私たちが着せてきたけばけばしい衣装をはぎとらなくてはならない。

だから、情報源に立ち戻り、まずネアンデルタール人の社会の構造、工芸、選択、暮らし方を分析することで、考古学的事実だけでなく直接浮かび上がった論理構造のなかにかれらを位置づけ直さなければならない。軌道修正をしながらであっても、すぐに疑いや問いや迷いが重くのしかかってきて、この生き物は分析や単純すぎる分類を受け入れないのではないか、というフラストレーションを感じることになる。

私たちは、この集団が入植に成功した環境すら、すべてわかっていないのではないか？極地の境界域など世界の周縁部に関心を向けると、この単純な問いに答えるだけでも相当な挑戦であることに気づくのだ。

第二章　北極圏の冒険譚
――マンモスの民からクジラの民まで

氷の世界？

紹介は済んだ。

もうご承知のように、ネアンデルタール人が暮らした環境に身近に接することもせずに、かれらについて語るべきではない。そのような環境とは、かれらが実在したかすかな証拠が化石化している広大な未開の地や断崖の片隅などであって、間違っても博物館の引き出しのなかなどではない。とはいえ、私が皆さんに語りたい物語、私とこの絶滅した社会とを結ぶ最初の物語の一つが始まるのは、事もあろうに引き出しのなかである。ヨーロッパの北東端に位置する小さなコミ共和国（ロシア連邦を構成する共和国の一つで、ソ連解体にともない一九九二年に共和国を宣言した）の北極圏に近い都市、スィクティフカルにあるロシア科学アカデミー・ウラル支部の引き出しだ。広大なロシア領内で発見された考古学的遺跡群が、初めて北極地方へ入植した人類について情報をもたらしてくれる。というわけで、ネアンデルタール人研究の始まりはヨーロッパの北極圏だ。なんという発想だろう。

しかし、極地の気候条件こそが、ネアンデルタール人社会が発展したヨーロッパ大陸各地の環境に最もよく当てはまる。十万年以上前に遡ると、生存にずっと好都合な温帯気候が地球全体に広がっていた（しかも数万年にわたって現在の地球の気温をはるかに上回っていた）という記録が見つかる。したがって、十万年ほど前に氷と草に覆われた広大なステップが現れる以前、まだ温暖だったユーラシア大陸には、木が切られたこともない原生林が果てしなく広がっていた。この広さは想像の域を超えている。また、この先の章で（体を温めるために）向き合うことになる、このような森のネアンデルタール人については、科学研究はあまり進んでおらず、本当の姿をようやく識別できるようになってきたところである。

今ここで話題にするユーラシアは、氷に覆われた大地であり、ネアンデルタール人は〔約四万年前の〕絶滅までの数万年にわたって北方の生き物だったとみなされている。だが北方にもいろいろある。ロシア北部で見つかった遺跡の調査からは、地球が氷期のまっただなかにあるというのに、旧石器時代の集団がごく少数ながら北極地方に入植したことが考古学的に示されている。

この時代には、地球全体の気温が急低下した。ノルウェー、スウェーデン、フィンランドのスカンジナビア諸国は、数万年にわたって氷に閉ざされ、分厚い氷床に覆われた。最も寒い時期には、巨大な氷河の先端が延びて大ブリテン島の大部分とアイルランドを覆い、氷から逃《のが》れられたのは島の南端だけだった。この巨大な氷の形成に大量の水が吸い取られていたため、当時の海面はずっと低かった。英仏海峡は、海峡ですらない広い渓谷で、そこを流れる川ははるか西の、現在のブルターニュとコーンウォールの間で大西洋に注いでいた。

旧石器時代の人々が、ヨーロッパ北部の氷河に覆われた広大な土地に進出していた可能性もなくはないが、現在、考古学的な手がかりはまったく残っていない。意外なことに、北方、といってももう少し東の地域は、北極圏内であっても氷河に覆われたことはなかった。現在のコミ共和国に含まれる地域である。もっとも、ペチョラ川〔ウラル山脈中部に発し、北流する〕は北の北極海に注ぐため、海を覆う氷塊に遮られて一時的に巨大な湖となる。だが、膨大な水の圧力には耐えきれないため、結局この北方の土地は解放され、氷に閉ざされることはない。シベリアの広大な極地方も同じだ。今日《こんにち》、北半球で最も寒い地域に数えられる、大陸性気候に覆われたこの広大な土地で、最終氷期〔およそ七万年前に始まり、一万年ほど前に終了〕にまったく氷床が形成されなかったという事実はどう説明すればよいのだろう？　この矛盾した状況に対する答えはかなり単純なようだ。アイルランドからフィンランドまで、ヨーロッパを覆った分厚い氷河は、まさに自然の障壁となって大西洋と極地の大陸部分を分断した。主に大西洋からもたらされる降水は、氷に覆われた広大な土地に吸収されてしまい、巨大な氷の障壁を越えることはなかったわけである。

そのため、ユーラシア大陸の北極地方を覆う寒帯気候は、非常に寒い一方で極めて乾燥してもいるため、大地が氷に閉ざされることはない。地面が氷に覆われないばかりか、暖かい季節には生き物の生息に適した素晴らしい環境となる。極地とシベリアには長鼻目《ちょうびもく》〔ゾウやマンモスなど鼻の長い哺乳類の一目〕が数多く生息するようになったため、当時のこの特徴的な環境はマンモス・ステップと呼ばれる。

寒さを生きる

イヌイットの教えの一つを一言でいうと、「寒さは人間にとって問題ではない」となる。基本的な栄養素であるタンパク質を入手できるかどうかが、人間の拡大を制限する唯一の要因だ。それに私たちの体は、空気が乾燥しているときは寒さをあまり感じない。最終氷期のユーラシア大陸極地方を特徴づけるのは、この（極端に）乾燥した寒さである。現代の体感でいうなら、二月のサンクトペテルブルクのマイナス一六度は、大陸性気候のシベリアのマイナス三〇度よりも寒い。私は、極地方で調査をするため、数週間にわたって毎日マイナス二五度の気温に立ち向かったことがある。このとき、自分の代謝機能がどう反応するかを身をもって体験した。おそらく十日も経たないうちに、体は寒さをつらいとは感じなくなり、寒さを我慢せずに一日中タイガを歩き回れるようになっていた。私の代謝機能は、その気温が快適だとは言わないまでも普通だと感じられるよう、わずか数日ですばやく調整された。さらに驚くことに、サヘルやゴビ砂漠、〝アフリカの角〟と呼ばれるソマリ半島など、酷暑が共通する地域の調査に参加したときも、私の代謝機能は同じように適応した。かなり極端な高温でも、ほとんど汗をかかなくなった。そんなわけで、一二月のまっただなか、ヨーロッパの極地方で雪のなかを一日中歩き回ったあとで、一八～二〇度に暖められた部屋に戻った私は、指の先まで汗をかくことになった。私の体はマイナス二五度に適応していたので、その気温はつらくなかったが、慣れ親しんだ暖かい室内は暑苦しく感じられたのだ。これは人体の適応をめぐる意外な観察結果であり、同時に、極地方への人類の拡大をどう捉えるかに対して重要な意味をもつ。優れた研究者の論文でも、アフリカからやってきた集団がユーラシアの中緯度地方へ入植したという事実だけをもって、それが防寒技術の発達を必要とする技術的適応能力と、確固たる相互扶助ネットワークを築く社会的適応能力とを示すのだろう、と述べられていることは珍しくない。つまり、私たちの祖先が地球上で最も過酷な環境と気候を征服できたらしいのは、技術を発展させ、特異な社会を組織できたおかげだというのだ。この理論は、発明能力と人間的な戦略を中心に据え、熱帯地方に適応した代謝機能の代わりとしている。きっと、人間の体に備わる驚くべき生物学的特性を考慮しない先入観によるのだろう。おそらく、発明や戦略を軸とするこうした世界の捉え方は誤りで、私たちの生物学的現実も、はるかなる旧石器社会の正確な仕組みも、明らかにしてくれないだろう。このような認識や視線は、たとえ科学的なアプローチに基づくとしても、今日の私たちの世界観や人間観に縛られている可能性がある。それは、先史時代という大昔の社会を考慮しない、現代欧米人を中心とする世界観や人間観にすぎず、私たちが自身にとって異質な現実に自己を投影する能力を欠いていることを露呈させる。二〇〇〇年前後に登場した、ネアンデルタール人の絶滅に関するさまざまな理論は、まさにこの認識を土台としている。研究者たちは、北緯五五度以北にはネアンデルタール人の遺跡がないことを踏まえ、ネアンデルタール人は技術的限界に直面するとともに、厳しい環境上の制約を乗り越えるための相互扶助ネットワークを構築できなかったことから、ヨーロッパの高緯度地方に適応できなかったという仮説を立てた。ネアンデルタール人は中緯度地方にしか入植できず、かれらが生きた最後の数千年を襲った気候変動には太刀打ちできなかったらしい、と。すると、ネアンデルタール人が絶滅したのは、単に気候変動と新たな生息環境への適応力が足りなかったから、ということになる。ネアンデルタール人の絶滅をめぐるさまざまな仮説は、決まって多様な要因の組み合わせに基づく。なぜなら、単独で人類の消滅を説明できそうな要因など一つもないからだ。この謎めいた絶滅をめぐる仮説は、環境的要因や生態学的要因が重なったところに立脚するのが常だが、その場合、ユーラシア大陸全体へのホモ・サピエンスの驚異的な拡大はあまり考慮されない。一つ一つ取りあげようと、まとめて検討しようと、こうした仮説はいかにも脆く見える。ネアンデルタール人が、太陽の日差しで雪が溶けるように姿を消したなど、誰が本当に信じられるだろうか？　かれらが高緯度地方に入植したことを示すデータによって、気候原因説と適応能力限界説はすぐに再検討を迫られる。気候変動に直面して、人間の代謝は植物の代謝とはまったく異なる反応を見せる。経験を踏まえていうと、人間の体はどんな土地にも見事に適応し、地球上のありとあらゆる環境にかなり容易に立ち向かうことができる。古《いにしえ》の人類と極地の環境との対決という問題は、絶滅した人類に対する私たちの視線だけでなく、私たちサピエンスとその適応能力に対する認識にも関わる。これは〝アイスマン〟として知られるヴィム・ホフの教えである。ヴィム・ホフは二〇〇七年の冬、裸足にショートパンツという格好で、二一キロのハーフマラソンを北極線上で走った。その数カ月後には、本格的な防寒具なしにチベット側からのエベレスト登頂に挑戦した。ヴィム・ホフは、人間の代謝を理解しようと取り組む研究者たちにとって、まさに研究対象となった。架空のスーパーヒーローなどではなく、血と肉を備えた人間であるヴィム・ホフが教えてくれることは、人間の体が寒さに見頃に適応できること、そして、私たちの代謝特性は、アフリカの熱帯出身という生物学的起源によって決まるわけではないらしいということだ。ここでも、私たちは投影や幻想や恐れに囚《とら》われている可能性が高い。それは自然なことだが、実験してみればすぐに露呈する。

旧石器時代の人々には、地球上のあらゆる生息環境に立ち向かうために、突出した技術力や社会的能力は必要なかっただろう。おそらく、人間の体はそれだけで、仕事の大部分をこなせるのだ……。

広大な北の大地を前に

極地方は、はるか旧石器社会の組織と構造を探るうえで重要な鍵となる。二〇〇六年、私は、北方考古学会議（Northern Archaeological Congress）で最後のネアンデルタール人社会に関する研究を発表するため、西シベリアに行くことにした。結局、思い切って参加したこの会議をきっかけに、北極地方における最初の入植者の足跡をたどって、数年にわたり北極ウラルの東西両山麓《さんろく》に赴くことになった。現在、当地の広大な自然のなかにはダーチャ〔菜園付きの別荘〕、タイガ、かつてのグラグ〔強制労働収容所〕が点在している。グラグほど、スラヴ人特有のメランコリーが宿り、コンクリートの建物に閉じ込められ、ソビエトの理想の残骸が錆《さ》びついた巨大な工業遺産に漂着している場所はないだろう。鉄と石の骨組みにはまるで魅力を感じなかったが、そこには心を揺さぶる計り知れない人間臭さが漂っていた。私はそれも味わいたかった。それに、北極圏には昔から興味があった。ネアンデルタール人は実際、北方の生き物だったのか？　かれらはほとんどの年月を最終氷期の苦難のなかで過ごしたのではないか？　旧石器時代の人々は、一〇〇万年間に地球上で記録されたうち、気候が最も過酷な時期に、極地方に何をしに来たのか？

この北方会議のため、北方社会を専門とするロシアでも名だたる研究者たちが、シベリア西部のハンティ・マンシースクに数日間にわたって集結した。九月末のことで、雪がオビ川の土手に積もりはじめていた。オビ川は北方を流れる大河の一つで、桁外れの大きさがまさにシベリアにふさわしい。私たちが西ヨーロッパで慣れ親しんでいる景色とは似ても似つかない。オビ川は西シベリアを北西に向かって流れ、流域面積だけでも三〇〇万平方キロメートルに及ぶ。世界最長のナイル川の流域面積とほぼ並び、フランスの面積の五倍近い。だが、この桁外れのスケールは、ウラル山脈のヨーロッパ側山麓から始まり、遠くアメリカ大陸の海岸へと続く広大な大地を正確に反映したものにすぎない。

ロシア人研究者は、早くも二〇世紀半ばから旧石器時代考古学の先駆的な学派を形成し、調査戦略を確立した。この戦略は、アンドレ・ルロワ゠グーランらによって、かなり遅れて西ヨーロッパに導入された。ルロワ゠グーランは類を見ないほど知性豊かな人物で、旺盛な好奇心から考古学、人類学、哲学を網羅して一つの思想にまとめた。ルロワ゠グーランは、ソビエトが展開した大規模な考古学研究プログラムに深い感銘を受けていた。ロシアの国土は大部分が黄土《レス》に覆われている。これは、風で運ばれてきた細粒《さいりゅう》物質が厚く堆積した層で、旧石器時代の狩猟民の居住環境を急速に化石化し、遊牧民たちが暮らした広大な跡地を保存した。広範囲に保全されている考古学的資料に対し、ソビエトは表土を大規模に剝ぎ取るという大胆な手法を適用していた。そうすると、旧石器時代の狩猟民がまさに今その場を離れたばかりだとでもいうように、ときには大量のマンモスの骨にまじって石器が散乱する旧石器時代の地層が姿を現すのだ。このソビエトの調査プログラムは、世界の考古学研究に大きな影響を及ぼした。幸い、調査がソビエト体制の誇大妄想に駆り立てられることはもうなくなったが。現在、この比類なき考古学的遺産を受け継いだロシアも、精力的に研究を進めているが、考古学者にとってこの仕事を成し遂げることは不可能に近い。ヨーロッパからアメリカまでの領域に分散する遺産全体をどう管理し、保全するというのか？　ロシアの面積は、地球上の陸地の八分の一と世界でも突出しているが、それを管理する人口はフランスの二倍あまりにすぎない。ロシアの国土は、カナダ、アメリカ、中国など、ほかの広大な国家の二倍近い。それほど広大な国土の半分を、深い原生林が占める様を想像してほしい。こうした北の大地は世界の森林面積の約四分の一に相当し、地球上で最大の原生林となっている。熱帯雨林の比ではない。現在、ロシアの人口は主にいくつかの大都市に集中している。見渡すかぎりの原生林に人間の入植地が点在するようなもので、総面積に比べたら森林資源が利用されている領域はとるに足らない。とくに、シベリアの極地方は南極と並び、地球上で唯一太古の昔から人の手が入っていない地域である。かつてアメリカに広大な極西部が存在したように、まだ手つかずの極東部は存在する。ここは、間違いなく最後に残る真のフロンティアである。

時間との戦い

広大な領域に果てしなく広がる黄土層《レス》には、膨大な考古学的遺産が埋もれているが、これをどう管理するというのか？　高緯度の北極地方では、こうした遺産は数千年前から凍土のなかに保存されている。しかし、同地方では気候変動の影響が目に見えて加速しており、凍土が融解して貴重な考古学的資料が解き放たれている。数千年前の筋肉組織、木、皮革、織物、布、籠、網は、旧石器時代以来免《まぬか》れていた腐敗という自然のサイクルに改めて取り込まれている。マンモスとサイは、シベリア各地に散らばる住人や、北極地方の猟師やトナカイの飼育業者にも見分けがつくにしても、旧石器時代の狩猟民の遺骸はこの大自然のなかでどうなってしまうのだろう？　信じられないことに、ここでとりわけ見事な発見を成し遂げるのは、川の土手で無邪気に遊ぶ子どもたちだったり、あるいは素晴らしい彫刻を作るために象牙を探し求めるアーティストだったりする。それらの遺産は川べりや沼で、解けかかった先史時代の氷のなかから姿を現すからだ。凍結によって時間の流れが止まる効果が、野生動物にだけ発揮されて人間の遺骸に発揮されないわけがない。旧石器時代の遺骸がすでに氷の外に出て、分解のサイクルに戻ってしまった可能性もある。旧石器時代の遺骸のいくつかがすでに地元住民に発見され、現場や最寄りの墓地にきちんと葬《ほうむ》られたという可能性も無視できない。その場合、かれらは今日、トウヒやカラマツの十字架の下に横たわっていることだろう。

最終氷期以来、凍りついていた北極圏の土壌が解けるとともに、私たちは残酷な逆説に直面している。永久凍土の融解によって、これまで隠されていた考古学的遺跡が姿を現す一方、それは同時に、遺跡の急激かつ容赦のない破壊にもつながる。北方の広大な大地のただなかにある遺跡は、一般に厚さ数十メートルに達する分厚い黄土層《レス》に埋もれて見えない。道が通っていないため、掘削機やパワーショベルやブルドーザーを持ち込むことは不可能だ。遺跡は通常、シベリアの大河が自然に土壌を浸食することで姿を現す。水流の作用により、土手に埋まっていた骨や石器が水際に運ばれ、数万年にわたって封印されていた遺跡の存在が明らかになる。だが、遺跡の存在が明らかになった時点で、その遺跡が大河の力強い水流によってものの見事に運び去られてしまうまで、数シーズンしか残されていない。ロシア人の研究仲間たちは、このとんでもない現象を目の当たりにしている。かれらのチームは、シベリアの極地方で数週間の好天を利用して、三万年近く前から氷に閉じ込められていた注目すべき化石を掘り出そうとしていた。その遺跡は、東シベリアを流れるヤナ川の浸食によって明らかになったもので、川岸から数メートル上に張り出していた。調査チームが昼食を終えて戻ると、遺跡はきれいさっぱり姿を消していた。幅二〇メートルの凍土の塊が、いっぺんに川に落ちたのだ。そういうわけで、考古学者はまさに時間との戦いに直面しており、調査は過酷な条件下で行わざるをえない。極地方の遺跡は人間の存在を示すあらゆるものから隔離されている。何もかもが困難だ。調査現場には、船やヘリコプターでなければたどり着けない。キャンプを設営し、オオカミやホッキョクグマなどその土地の野生動物に対処し、そうした準備が整ったうえでようやく、短い夏の間に遺跡の発掘に挑むことができる。だが、これらの遺跡は凍土に埋もれているため、金属製の道具だけでは簡単に掘り出せない。氷を溶かす必要があるのだ。従来用いられてきた方法は、「高圧の水流を当てる」と「ティーポットから凍土にお湯を少しずつ注ぐ」を交互に行うことである。こうして貴重な考古学的遺産を取り出すわけだ。温暖化のせいで、これまで手をつけられなかった考古学的遺跡の発掘が容易になってきたとはいえ、高緯度地方で行うには過酷な肉体労働である。ここに、この考古学研究の奇妙な矛盾がある。すなわち、これまで手が出せなかった考古学的遺跡を探し当て、発掘することを可能にするのも、その遺跡を取り返しのつかない形で破壊するのも、凍土の融解という同じプロセスなのだ。それが、一〇〇年も、一〇年すらもかからず、私たちの目の前でリアルタイムに起こっている。シベリアの広大な自然全体を監視することはできない。毎シーズン、遺跡の破壊は日常的に現実の一部として起こっており、私たちはその現実を前にして自らの無力を認めざるをえない。旧石器時代の北極地方への入植状況は、ごく表面的にしかつかめないのだ。

極地方初の入植者

ソビエトの意欲的な考古学調査にもかかわらず、今日、北極地方における二万年以上前の考古学的遺跡としては、世界でも三カ所しか知られていないことに注目してほしい。この三つの遺跡はすべて、現在のロシア領内にある。そのうち二つは、北極ウラルの西側山麓からも遠くない、ヨーロッパの北極圏で見つかった。一番古いマモントヴァヤ・クリヤ(Mamontovaïa Kouria)は四万年前の遺跡でまさに北極線上に位置する。ここから出土した打製石器はわずか七点だが、同時に、規則的に線が刻まれた、不思議な若いマンモスの牙も見つかった。線は、石器を使ってかなり深く刻まれていた。この遺物はいまだに謎に包まれている。このような線刻《せんこく》は、ユーラシア大陸で出土した旧石器時代の遺物のなかには、ほかに一つも見あたらないのだ。装飾のためなのか、数を数えるためなのか、それとも作業台に傷がついただけなのか？　この問いにはそう簡単に答えられないし、線刻に装飾としての価値を認めるのも容易ではない。北極線上に位置するこの遺跡で考古学者が調査を行えるのは、一年のうち数週間のみ、年によってはわずか数日である。ウサ川の水位が十分に下がらなければ、遺跡に近づけないからだ。この先史時代の遺跡は、厚さ一八メートルの堆積物に埋もれているが、川の浸食作用により、場所によっては四、五メートルの砂を取り除くだけで到達できる。そうして見つかったのが、四万年前の旧石器時代に北極圏への入植者が残した骨や道具類だ。かなり大規模な発掘作業を経て、約五〇平方メートルの太古の地面が姿を現したが、出土したのは燧石《すいせき》や頁岩《けつがん》や珪岩《けいがん》で作られた打製石器わずか七点だった。これらの打製石器は主にマンモスの骨や牙と組み合わされていたが、トナカイやオオカミやウマの存在を示す骨もいくつかあった。この四つの動物種は、極地方に入植した最初の住人による狩りの獲物を代表する可能性もあるが、そうと断定するには遺物があまりにも少ない。これらの骨が、ウサ川のほとりに暮らした人々の獲物の残骸を典型的に示していると言い切ることはできないし、ヨーロッパの極地方における最初の謎めいた入植者については、これ以上何も言えないに等しい。ほかに類例がない旧石器時代の道具を分析しても、それを作った職人がネアンデルタール人の古い技術的伝統を継承していたのか、この遺跡を残したのがヨーロッパ大陸全域とほぼ同時期に極地方にも入植していた現生人類なのかを確定することはできない。しかも、二つの集団がヨーロッパで隣り合っていたかもしれないのは、まさにこの四万年前頃である。だから、広大な北極圏への入植の動きをよく理解しようとするなら、ユーラシアの北極圏で見つかった、あと二つの同時期の例に注目しなければならない。しかし、その二つの遺跡を取り上げる前に、遠い北極圏における人間の存在を示す意外な手がかりに目を向ける要がある。この手がかりによれば、最初の入植は、マモントヴァヤ・クリヤの八〇〇〇年前に遡る可能性がある。ということは、人類は例の〝四万年前〟よりはるか前に、本当に北極線を越えたのだろうか？

見えざる極地の狩猟民

極地では、人間の手で作られた道具が出土した古代遺跡は三カ所しかないが、二〇一六年、アメリカの『サイエンス』誌は、石器を使った解体の痕跡を示すマンモスの骸骨が発見されたと伝えた。そのマンモスの遺骸は、北極線から約六〇〇キロメートル北のタイミル半島で見つかった。タイミル半島はウラル山脈の東側、シベリアの北西端に位置する。ユーラシア大陸全体でも最も北に位置する地域で、面積はスカンジナビア半島全体より大きい。わずか数万人の人口は、主にソビエト時代に地中から現れたようないくつかの鉱山の町に集中している。タイガのただなかに漂うコンクリートの四角い塊のような町々だ。半島にもとから住み着いていたのは数千人にすぎず、それが広大な領域に散っている。ドルガン人、ガナサン人、ネネツ人などの遊牧民が、主にトナカイの狩猟と飼育を中心として生計を立て、「チューム」（シベリア先住民族の壮麗なティピー〔数本のポールによって支えられた円錐型テント〕）で暮らしているのだ。ここは考古学の観点からも、手つかずの土地といってよい。私たちの興味をひくマンモスは、エニセイ川の土手を散歩していた小学生、エフゲニー・ソリンデルが偶然に発見した。エニセイ川はモンゴルの渓谷に端を発し、シベリアを貫いて流れた末に、約五〇〇〇キロメートル北の北極海に注ぐ。〝シベリア最長〟の座をオビ川と争っている川だ。マンモスの遺骸は、ソポチナヤ・カルガの極地気象観測所から数百メートルの地点に横たわっていた。さっそく考古学調査が組織され、マンモスの遺骸全体を取り出すことに成功した。遺骸は地中から一塊《ひとかたまり》で掘り出され、凍ったまま貨物輸送機でサンクトペテルブルクの研究機関に送られた。保存状態は極めてよく、皮膚と毛がまだ残っていた。遺骸を分析したところ、間違いなく人間が加えた傷の痕跡が明らかになった。傷跡は疑いようもなく石器によってつけられており、殺したあとに舌を含む肉を回収したことは明らかだった。このような行動は、ユーラシア大陸のこれより南部の地域における旧石器時代のほかの狩猟民にも確認されている。ただし、遺骸の周辺では道具も狩猟民の痕跡も一切見つからなかった。炭素14年代法によって、このマンモスは四万八〇〇〇年以上前のものと判明した。この驚くべき発見は、ホモ・サピエンスがまだヨーロッパ大陸に入植しはじめてもいない時期に、人類が北極線よりはるかに高緯度の北極圏で暮らしていたことを証明している。シベリアでもヨーロッパでも、北極圏でこれほど古い考古学的遺跡は一つも知られていない。ここでは、この狩りの獲物がもつ意味は理解しようがない。太古の昔に極地方で暮らしていた人々の考古学的痕跡は、いまだにまったく見えない。打製石器一つないのだ。極地方への最初の入植を示す物的証拠が皆無であることは、現在でも考古学的な謎とされている。この遺骸は、科学界でまったく知られていない集団が極地方でマンモス狩りをしていた証拠だ。

とはいえ、その二〇〇〇キロメートル東では、同じような傷跡があるオオカミの肩の骨が見つかっている。場所はサハ共和国を流れるヤナ川の支流の土手で、やはり北極線より北である。骨の分析によって、傷は、槍や矢などの先端を尖らせた武器によるものだと判明している。もっとも、その傷は致命傷ではなく、オオカミは逃げきった。左前足の骨の年代測定では、タイミル半島のマンモスとまったく同じ結果が得られ、約四万八〇〇〇年前に狩猟が行われていた事実と符合する。だが、この例も舞台はかなり北方であるうえ、東に寄ってもいる。シベリアのかわいそうなオオカミは、アメリカ大陸まであと二〇〇〇キロメートルのところにおり、これはタイミル半島のマンモスまでの距離とも同じだ。つまり、地球上で最も北極に近い地域には、もしかするとホモ・サピエンスがユーラシア大陸の高緯度地方に大挙して入植するはるか以前から、人類が住んでいた。この地域では、狩猟民の痕跡は見られるものの、こうした集団の存在を少しでも直接的に証拠立てる道具は一つも見つかっていない。

ただ、オオカミが発見されたのはヤナ川から数キロの地点である。これは、地球上で確認された二万年以上前の極地方の遺跡三カ所のうち、一つが見つかった場所である。ヤナRHS遺跡のことだ。

氷に閉ざされた未知の北極圏文明

RHSは英語のRhinoceros Horn Siteの頭文字で、「サイの角の遺跡」を意味する。この発見をきっかけに、思いもかけない考古学的遺跡群が知られるようになった。北極線から五〇〇キロメートル北に位置するヤナRHSでは、ウラジミール・ピトゥリコの調査によって、三万年前から凍土に閉じ込められていた旧石器時代の見事な住居跡が姿を現した。残念ながらヤナRHSは、マンモスとオオカミの骨に見つかった北極圏への入植を示すかすかな証拠より、一万五〇〇〇年から二万年ほどあとの時代の遺跡である。

シベリアの北極地方に暮らした古代人を調査しているウラジミール・ピトゥリコは、シベリア極東部にまたがる大規模な発掘調査を行った。極地方の遺跡から明らかになった技術は、ユーラシア大陸の中緯度地方で知られている技術とはあまり結びつかなかった。これは、従来の研究では想定されていない驚くべき発見で、その考古学上の意義は極めて大きい。舞台はシベリアのヤナ川デルタだ。ヤナ川は、フランス最大の川と比べても流域面積がわずか二倍と、控えめな川である。何より全長が八七二キロメートルしかなく、水源自体が北極圏に接する地域にあるため、低緯度地方とは直接結ばれていない。

ヤナＲＨＳからは、数万点の打製石器に加え、マンモスの牙でできた多数の美術品が出土した。これらの美術品は非常に洗練されており、素材を使いこなせるだけの高い専門知識が窺《うかが》える。発掘では、マンモスの牙だけでなく、キツネの犬歯やトナカイの門歯《もんし》に穴を開けた一五〇〇点のビーズも見つかった。トナカイの枝角は、動物の小像を彫刻できるよう切断されている。繊細な装飾を施したマンモスの牙製の四角い小椀《こわん》、同じく牙を彫って作られた腕輪や、ティアラや冠と解釈できる小物もあった。大量に出土した洗練度の高い小物のなかには、繊細な幾何学模様を施したものもあった。それまでは、マモントヴァヤ・クリヤで見つかった四万年前の石器七点を除き、加工された品はまったく知られていなかったが、ヤナRHSからは大量の加工品が出土し、マンモスの牙や燧石、トナカイの枝角やサイの角など、あらゆる原料を使いこなす術《すべ》を人々が熟知していたことが示された。それは、特異な環境に適応した成熟度の高い文明だった。それまで考古学的記録のなかった極北の文明が、北極圏の広大な土地からとつぜん姿を現したわけだ。三万年前、この狩猟民たちは、マンモス、ケブカサイ、バイソン、トナカイ、ヒグマ、オオカミ、クズリ、ジャコウウシ、ウマ、ホッキョクギツネ、ノウサギ、ライチョウが入り交じる豊かな環境を利用していた。氷期の真最中、北極地方のヒト集団がどうにか生き延びるどころか、恵まれた環境をおおいに享受していたことは明らかだ。私たちにとっては意外だが、実は素晴らしく豊かな環境がそこにあった。発掘で見つかった数千のノウサギの遺骸からは、この動物に対する組織的な罠《わな》の使用が窺える。しかも遺骸はそのままの状態で、肉を食べることもなく山のように捨てられていた！　明らかに、ヤナの人々がこの小さな野禽《やきん》を狩ったのは、肉に関心があったからではない。柔らかくて暖かい（が、丈夫ではない）毛皮を利用するためだけだった。フランスの極地方探検家ジャン・マロリーは、一九五〇年代にグリーンランドでトゥーレ人の末裔《まつえい》であるイヌイットと暮らした。その体験について、彼が数シーズンをともに過ごした小さな共同体では、毛皮だけを利用するために、毎年多ければ一五〇〇匹のノウサギを獲るが、肉はまずいと考えていると報告した。北極地方に暮らす人々の精神は、数千年の時を隔てて重なる……。

とはいえ、樹木のないマンモス・ステップが広がる風景を前にして、入植者は木材の欠如に適応した技術を発達させるしかなかった。木は、槍、投槍《なげやり》、矢といった狩猟用の武器を作るために、ユーラシア大陸全域で数十万年前から使用されてきた基本的な素材である。こうした武器の柄《え》は、極地方に生息するトナカイ、ウマ、バイソンの狩りに欠かせない。ヤナでは、うまい具合にマンモスの牙が木の代わりに使われている。マンモスを殺すのは、主に牙を利用するためである。舌と若い個体の肉（比較的柔らかくておいしいのだろう）を除き、かれらは殺したマンモスの肉には興味がなかったようだ。そのため、ヤナの人々の関心は雌を狩ることに向けられる。なぜ雌なのか？　雌の牙は雄のものよりまっすぐだからである。狩人は常に、大きくてなるべくまっすぐな牙を探し求める。狩猟に必要な投槍を牙から彫り出すためであり、この北極圏ではそのための素材がほかにないのだ。

この極北の民は誰だったのだろう？　考古学的資料を見るかぎり、このヒト集団の正体は疑うべくもない。これらの技術は明らかに現代のものであり、今日にいたるまで私たちという生物種の間でしか確認されていない。確かに、見たところ独創的で、これより南方やシベリア、さらにはヨーロッパの旧石器時代のヒト集団についてわかっていることとは、完全には結びつかない。だが、これらの技術と知識はまぎれもなくサピエンスのものだ。ここではすべてに現代社会の印が刻まれている。無数の装身具、小像、装飾、マンモスの牙でできた投槍、同じく牙でできた先端に穴の開いた細い針も、だ。針は何でもない道具だが、布を細かく縫い合わせ、寒さから完璧に身を守れる衣服を仕立てるために欠かせない。ただ、こうした知識は、細部を見れば現代に通じるとはいえ、装飾の一部に使われている技術には隠しようのない独創性が現れている。とくに、職人が形にした正確な技術的知識は、これより南の入植者について知られているものとは部分的にしか重ならない。

ヤナＲＨＳの考古学調査では、毎年かなりの面積が発掘され、謎めいた極地方の入植状況の解明が試みられてきた。そしてついに、ヒトの乳歯二本が発見される。すぐに遺伝子解析が実施された。三万年の間、凍土に閉じ込められていたその歯には、遺伝子情報の大部分が保存されていた。案の定、ＤＮＡ解析の結果はそれが現代人の一集団に属することを示したが、それは遺伝学にとって未知の集団だった。この極北の文明は、遺伝学によってそれまでに同定されていた旧石器時代のほかのヒト集団のものとははっきり区別できる。すでに絶滅したこのヒト集団は、遺伝学者によって「古代北シベリア人」と命名されることになった。古代北シベリア人も、今日ユーラシア大陸に暮らす集団全体と同じく、ネアンデルタール人の遺伝子をある程度もっている。だがかれらの場合、ＤＮＡ配列に占めるネアンデルタール人由来の部分が現生人類の場合と比べてずいぶん長く、二つのヒト集団が出会ってからあまり時間が経っていないことを示している。両者は、ヤナで乳歯が抜けた子どもが生まれる八〇世代から一〇〇世代ほど前に出会ったのだろう。驚いたことに、古代北シベリア人がデニソワ人と交雑した痕跡はない。デニソワ人とは、ネアンデルタール人のいとこにあたるもう一つの化石人類で、シベリア南部のアルタイ山脈に存在したことが確認されている。デニソワ人の遺伝的痕跡は、現在の東南アジアからオーストラリアにかけての人々に広く見られるのだ。古代北シベリア人については、起源も、その後どうなったかもわかっていないが、北極圏に入植する以前、もしかすると入植する過程で、この謎めいた集団の祖先はネアンデルタール人と交雑していたのかもしれない。古代北シベリア人は、絶滅したネアンデルタール人の遺伝的記憶をもっていたのだ。そして、古代北シベリア人がデニソワ人の遺伝子を欠き、かつネアンデルタール人と交雑していたという証拠からは、古代北シベリア人とネアンデルタール人の出会いが、デニソワ人の遺伝子がいまだに広く存在するアジアの中緯度および低緯度地方からかなり離れた場所で起こったことが窺える。したがって、もっと西方のヨーロッパ大陸に近い地点、そしておそらくもっと北方の、古代北シベリア人が急速に進出することになる極地方でそれは起こったのだろう。ネアンデルタール人は生物学的に寒冷な環境によく適応していたと考えられるが、そのネアンデルタール人から受け継いだ遺伝子が、古代北シベリア人の北極圏入植の成功に有利に働いた可能性すらある。しかし、イヌイットの歴史が証明するように、非常に過酷な北極地方の環境で生き抜くには、寒さへの優れた適応力を保証する単なる生物学的特性以上に、何よりもこの環境が秘める可能性に対する正確な知識と、季節に応じて資源を計画的に使いこなす術が必要だ。高緯度地方の特殊性を理解しなければ、北極地方の長く耐え難い冬に立ち向かうことはできない。残念ながら、ヤナＲＨＳでは永久凍土から取り出された動物の遺骸にも肉や毛は残っていなかった。遺骸は氷期の真最中に捨てられ、現在でも凍土から取り出すのは難しいというのに、なぜこんな状態になったのだろう？

極北のエデン？

世界の気候記録を分析すると、過去の気候を特徴づける気温の急激な変動が、私たちの生物圏に温暖期と寒冷期が交互に現れる規則的なリズムを与えていることがわかる。こうした気候変動の原因はまだよく解明されておらず、いまだに正確にモデル化することもできていない。現在の知見では、次の氷期がいつ到来するのかわからない。とはいえ、それがいつであれ、次の氷期を免れることは不可能に思われるし、この自然のサイクルによって急激かつ大幅な気候変動が確実に引き起こされるだろう。この大幅な変動は、地球の公転軌道の定期的な変化と関係があるようだ。数万年にわたり、地球はこのように両極端の条件に従ってきた。気候変動は、現在の世界人口の九九パーセントが居住する大陸の中緯度・低緯度地方より、高緯度地方に大きな影響をもたらす。私たちは今、一万一七〇〇年前に最終氷期が終わって以来の温暖期にある。退氷は段階的に進み、いくつかの段階では、とくに北極圏では、驚くほど急激な気候変動を記録した。ノルウェーの雪氷《せっぴょう》学者ヤン・マンゲルート（Jan Mangerud）の仕事のおかげで、この温暖化の初期には、スカンジナビア半島のフィヨルドにはまっていた大氷河の先端が、年に一六〇メートル以上も後退したことがわかっている。このスピードであれば、数千年来の広大な氷河は、一〇年で一五〇〇メートル以上後退することになる。つまり、退氷は人の生涯ではっきりと感じ取れるものとして、社会にとって極めて具体的な経験になった。北極圏に暮らしていた人々は、目の前で自分たちの土地が年ごとに姿を変える様子を、日常的に身をもって体験したわけだ。気候の転換は地球規模で起こった。世界の生態系全体が影響を受け、海面の上昇は六〇メートルを超えた。私たちは現在、完新世と呼ばれる間氷期を生きている。私たち〔ヨーロッパ人〕が暮らす緯度では、それ以前の数万年間とは比べものにならないほど、生物の繁殖と生物多様性に適した気候条件に恵まれている。ただし、地球環境が最も温暖だったのは完新世の初めである。九〇〇〇年前、北極地方の夏の気温は現在よりもかなり高く、現在では地面が凍っている極地方の永久凍土もそのときにかなり解けてしまった。そのため、永久凍土層に取り込まれたヤナＲＨＳの地層からは、皮膚、肉、毛など腐敗しやすい有機物は出てこない。ほかの地域では、シベリアの凍土からマンモスやサイが、肉や毛皮や（まだ最後の食事が詰まった）腸を含めて丸ごと保存された状態で出土することもある。だがヤナＲＨＳでは、最も壊れやすい考古学的証拠の分解を招いた完新世初期に、地面の一部が完全に解凍され、このような有機物は失われた。北極線の五〇〇キロメートル北で、現在は永久凍土に覆われているこの地域は、数世紀にわたる退氷を経験したのち、六〇〇〇年以上前から世界の気候に影響を及ぼしている気温の段階的な低下により、再び凍りついた。この寒冷化傾向は、現在では人間の活動の影響で逆転し、私たちを取り囲む生物圏の自然のサイクルは乱れている。

将来の気候サイクルの正確な構成については、本当の意味で予測可能なのは、一部の純粋に天文学的なパラメーターだけである。これからの数百年間、数千年間に地球上に現れるであろう無数の気候の脈動は、今後は人間の活動とも干渉し合うことになるが、数千年来の大幅な気候変動は、残念ながらいかなるモデル化によっても把握できない。一方、北極地方の急速な退氷プロセスは、どのようなモデル化とも関係なく、しかもはるかに短い時間単位で目の前に突きつけられている。こうした地域では、旧石器時代の大型動物の骸骨が少しずつ地表に現れているのだ。

私たちの脳裏には、シベリア北極地方の地面から毎年のように姿を現す、完璧に保存されたマンモスの体の強烈なイメージが焼きついている。しかしこの広大な自然からは、ケブカサイ、ジャコウウシ、バイソン、ヒグマ、ウマ、トナカイ、ホッキョクギツネ、オオカミなど、ほかにも多くの動物種の遺骸が定期的に出てくる。当時の極地における生物多様性は、現在の同じ緯度と比べてずっと豊かだったという証拠だ。生物多様性だけでなく、動物の集団密度も驚くほど高かったようである。

温暖期の北極地方は氷期よりも居心地が悪かった、などということがありうるだろうか？

このマンモス・ステップを分析すると、最終氷期のシベリア生物圏が備える素晴らしく豊かな環境が明らかになる。それは、ほとんど矛盾した特異なイメージをこの生物圏に与えるものだ。北極圏の大きな動物たちを養うには、この土地がこうした大型草食動物の必要をまかなえるだけの豊かな植生に被われていなければならない。今日のゾウは一日に六〇から三〇〇キロの草を食べる。それを考えれば、マンモス・ステップと呼ばれるこの地理的範囲に必要な植物の量の見当がつくだろう。つまり、ここは非常に豊かな土地だった。生えていたのはイネ科やスゲの仲間だけではない。花粉の化石の分析や土壌のDNA解析から、北極圏とその隣接地域が、春にはアネモネ、ケシ、キンポウゲが咲き乱れる巨大な花畑の様相を呈していたことがわかっている。大型草食動物の群れを抱える北極地方は、今日の私たちが目にするぬかるんだツンドラとはまったく異なる姿を見せていたはずだ。

ということは、氷期の真最中の北極地方は、動植物の生育に最適だったのだろうか？この考えは直感に反する。温帯ヨーロッパの低緯度地方でも、氷期の気候は過酷だ。それでも北極線以北へ人類が進出したという事実は、これら注目すべき北極圏社会の発展に適した、狩猟獣の豊富な環境の存在を示すといえるのだろうか？

恵まれた環境が存在したのであれば、北極地方への入植と社会的・技術的偉業を結びつけた想像はやはり間違いかもしれない。それは現代の私たちの社会が作りあげた筋書きだ。「暑い」「寒い」の感覚と同じくらい主観的な視線によって作られたものである。私たちは、イヌイットの子どもがイグルー〔氷や雪の塊をドーム状に積み上げた住居〕内で裸で遊ぶ写真を見ればおもしろがって笑うが、それと同じことだ。現実には、外がマイナス四五度のとき、〇度の屋内は暑いというだけの話だ。なぜこんな現象が起こるのか？　人間の体は温度計ではなく、置かれた環境にわずか数日で適応できる驚異的な機械である。つまりここでは、別に詩情あふれるイメージを描いているのではなく、私たちヒト上科の適応能力は素晴らしいと述べているにすぎない。これは単なる理屈ではない。自分の体が無意識のうちに調節される様は、誰でも身をもって体験することができる。

世界の果てへの逃避？

このことを考えると、二〇〇七年二月の出来事が再び思い出される。当時私は、北極地方にあるコミ共和国の首都、スィクティフカルの科学アカデミーの引き出しを調べていた。この章の冒頭で述べた、引き出しを開けることから始まる研究の舞台である。ここがそうなのだ。この引き出しには、ビゾヴァヤ（Byzovaya）遺跡の発掘で得られた資料が詰まっていた。本書ではまだ触れていなかったが、ビゾヴァヤ遺跡は、地球上で確認されている極地方の古代遺跡としては三つめにして最後の遺跡である。

ビゾヴァヤは北極ウラルの西側に位置する。つまりヨーロッパだが、大陸でも最も奥まった地域の一つである。二〇〇六年にシベリアでの会議に参加したのち、私はヨーロッパ北極地方の旧石器時代の資料を調べにこないかという招待を受けた。この考古学的資料は、ロシア科学アカデミー・ウラル支部の研究者、パーヴェル・パヴロフの調査のおかげで一つにまとめられていた。パヴロフが数年にわたって指揮した発掘調査は、ウラル山脈のヨーロッパ側斜面の北極線周辺地域を対象に行われ、それによってヨーロッパ大陸の北極圏への入植に関する最初のデータが集まった。これらのデータは従来のものとはかなり異なっており、ヨーロッパのこれより緯度の低い地域で知られる同時期の旧石器時代集団に関する知識とは、相容れそうになかった。この時期の調査で得られた資料は、コミ共和国に保管されていた。ユーラシア大陸では、四つの国が北極圏に領土をもつ。ノルウェー、スウェーデン、フィンランドのスカンジナビア諸国と、広大なロシアである。ロシアに含まれる二二の自治共和国のうち、北極圏の領域を有する三つの共和国、サハ、カレリア、コミは、その名を聞いただけで旅立ちたくなる……。

コミ共和国など今まで耳にしたことがないかもしれない。ドイツよりわずかに大きい程度で、広大なロシアに比べればごく小さな国である。コミ共和国は、国土の中央を北極線が横切り、主に原生林で構成される。人の手が入らない森林としてはヨーロッパ最大で、そのためにユネスコの世界遺産に登録されている。首都のスィクティフカルはモスクワの約一〇〇〇キロメートル北東に位置し、人口は二〇万人を少し超える程度だ。ヨーロッパ大陸の北東端という立地から、この地域は歴史を通じて主要な交易ネットワーク（ユーラシア大陸西部では、基本的にヨーロッパの低緯度地方、地中海、近東を結んで構成される）からは外れていた。そのため、大陸の死角にあたるこの国の歴史には、北欧とシベリアが影響を及ぼしている。ここはまさに、言語学者と社会学者と人類学者が「辺縁部」と呼ぶ地域である。辺縁部とは、主要な交易ネットワークから遠く離れ、古来の言語構造だけでなく、ほかの地域ではかなり前に姿を消した文化的・技術的伝統の一部も保存されている地域のことだ。北極地方の考古学的資料には、中世の工芸品でありながら先史時代の手仕事を思わせるものが含まれる。たとえば、製作時期が一二世紀以降であっても、骨製《こっせい》の見事な歯付きの銛《もり》が見られる。その形状や加工方法から思い浮かぶ技法は、骨がはやばやと金属に置き換わったヨーロッパのほかの地域では、その四〇〇〇年以上前に廃れている。同じような骨製の銛は、同時期にシベリア各地で見つかっており、北極地方のイヌイット集団でも確認されている。フランスの極地探検家ポール＝エミール・ヴィクトールや存命のジャン・マロリーは、二〇世紀半ばにそのような銛がまだ使われている様子を目にした。歴史、伝統、技術、知識が、世界共通の曲線に沿って発展することはない。それは、まず地域のダイナミクスに組み込まれるのが常であり、それぞれの土地の歴史を経て生まれるものだ。考古学者が復元し、経時的な発展を分析できるのは、一般に技術的伝統だけである。この伝統が、普遍的な形をとって一つの大陸全体に展開されることは決してない。いつも領域内で断片的に現れ、ときには技術的解決策が時間に逆行する場合もある。ほかの地域では伝統工芸の美しい形を捨ててまで達成された技術的発展も、辺縁部では注意を払われない。ただし、辺縁部では発達が遅れているという意味ではない。ここでは、技術的進歩という概念の相対性、ひいては不公平性を意識する必要がある。実際、数千年にわたって継承されてきた古来の伝統のなかには、私たちにはもう使えない非常に高度な専門性の名残を留めるものもある。つまり、私たち自身の技術的発展は、一部の知識〔極めて高度な知識も含む〕の取り返しがつかない喪失を伴う。そうであれば、私たちの技術的知識の多くを凌駕《りょうが》する太古の技術の優越性は、私たちにはもはや認識できない。この数行で述べたことを笑うのは、過去に存在した人間社会の構造全体に現代社会が占める位置について、皮肉な捉え方をする人と無邪気な視線を投げる人だけだろう。レヴィ＝ストロースは衝撃的な著作『悲しき熱帯』〔邦訳は中央公論新社、二〇〇一年など〕で、早くも一九五〇年代に同じ結論に達しており、まさに北極地方の住民の防寒技術を例に挙げている。いわく、「私たちが、エスキモーの衣服と住居の設計を支える物理的・生理学的原則を理解したのはわずか数年前である。過酷な環境での暮らしを可能にしているのは、適応や特殊な体質ではなく、私たちの知らないこのような原則なのだ。だからこそ、探検家がエスキモーの衣服に施した改良とやらが期待に反してまるで効果をあげなかったということも、そのときに理解できた。現地の人々の防寒対策は完璧だった。私たちが納得できなかったのは、かれらの解決策の基盤となる理論を見抜けなかったからである」。この例では、断熱性に富む防寒具の技術的特性に注目しているが、レヴィ＝ストロースは実際、時間とともに失われた膨大な知識を反映する同様の例が無限にあることを知っていた。そうした例は、あらゆる技術分野でほんの少しずつ再発見されるだけだ。日本の町家《まちや》の耐震構造、収穫量を大幅に増やす農業技術、特定の植物が産出する成分の知識とその正確な使用法などである。数千年来の植物に関する知識は、このような古来の記憶を留めている一部の人々しかもっておらず、大手製薬会社を羨ましがらせている……。

二〇〇七年二月、初めてこの引き出しを開けたときに私の頭をよぎったのは、おそらく伝統技術の構造、進歩、交替をめぐるこうした考えである。引き出しのなかには、極めて一様な技術に基づく打製石器が数百点収められていた。ただしそれは、私がよく知るネアンデルタール人の古い職人技術を用いて作られたものだった。引き出しを一段開けるごとに、北極線上に位置するビゾヴァヤ遺跡の資料が現れた。この遺跡の年代は、多数の研究所によって正確に測定されている……二万八〇〇〇年前、と。

二万八〇〇〇年前？　つまり、ユーラシア大陸全域でネアンデルタール人による手仕事の伝統が失われた一万四〇〇〇年後である。一点一点に認められる技術、道具、様式、ノウハウは、ほかの地域ではネアンデルタール人が追放されるとともに消えた技術的伝統を示している。ビゾヴァヤ遺跡はヤナＲＨＳ遺跡とほぼ同年代である。だがヤナＲＨＳは、同じ北極地方とはいえ、はるか二〇〇〇キロメートル東に隔たった東シベリアに位置する。二つの遺跡は年代、北極圏という立地、マンモス利用に対する大きな関心が共通している。ただしビゾヴァヤ遺跡では、しずく状の飾り石、装身具、鉢、投槍、腕輪など、ヤナＲＨＳで出土したような動物由来の素材による数千点、いや数万点の洗練された品は見つかっていない。ヤナＲＨＳのマンモスは、肉を食べるのではなく、まっすぐな牙を回収するためだけに殺されたが、同じ時期にそこから二〇〇〇キロメートル離れた北極ウラルの反対側で、ビゾヴァヤの人々は、マンモスの牙やトナカイの枝角や骨を加工することに何の興味も示さなかった。マンモスの遺骸を調べたところ、猟師によって殺された可能性が非常に高いことがわかった。骨を分析すると、マンモスを利用した形跡が明らかになった。胸郭の切開やフィレ肉の回収、肋骨《ろっこつ》の骨折など、まさに肉屋を思わせる仕事は、この草食動物と関わる目的が、ここではまったく異なることを示していた。ビゾヴァヤでは、牙にはまるで興味がなかったが、動物の肉は大きな関心の的だったのだ。このまったく異なる二つの論理によって、ビゾヴァヤ遺跡と、その同時代にシベリアに存在したヤナＲＨＳ遺跡とはただちに区別される。一方、ビゾヴァヤ遺跡の石器は、ムスティエ文化の系統に難なく分類された。ムスティエ文化とは、ヨーロッパで数十万年にわたってネアンデルタール人が営んでいた伝統である。この奇妙な資料は、私たちに何を語りかけようとしているのだろう？　この時期、シベリアの北極地方にもヨーロッパにも、さまざまなサピエンスの集団が暮らしていた。かれらが受け継ぐ技術的・文化的伝統には明確な区別があったとはいえ、こうした伝統はすべて、動物界と結んだ特徴的な関係という点で一致する。つまり、かれらは硬い素材（骨や牙）を探し求め、それを決まって道具に加工し、力強い象徴体系に反映させた。装飾品、装身具、小像などを作ったのは、ヨーロッパではサピエンスだけである。サピエンスの象徴体系は、道具や武器の製造に用いられた動物の骨やトナカイの枝角、マンモスの牙を通して見分けられる。人間は動物由来の素材を手に入れ、その動物は人間を守り、飾る。注目すべき点は、狩りでマンモスの牙製の投槍を使うとき、人間は動物をもって動物を殺すということだ。この行動は、現在のシベリア住民やイヌイット、平原インディアン〔北米大陸の大草原地帯《グレートプレーンズ》に住んでいた先住民たちの総称〕の伝統を連想させる。かれらは、自分たちを苦しめにくるかもしれない殺した動物の霊から、身を守らなければならない。狩りに行く前に動物の霊に語りかけ、それを友人のように傍らに置いた。動物を殺したあとも、それを撫でながら語りかける。間違わないでほしいが、詫《わ》びることは決してない。感謝するのだ。その肉が子どもたちを養い、毛皮が老人たちを暖めるのだと説明しながら、感謝する。動物の霊が備える魔力を恐れているため、霊と親しく交わり、霊を人間と結びつけ、仲間として取り込む。動物をもって動物を殺すときは、その動物自体を同じ動物種の狩りに組み込む。人間は自身を自然環境の一部と位置づけ、自然と和解し、自然と協力する。それはアニミズムやシャーマニズムの構造である。ヨーロッパの旧石器時代に見られるサピエンスのこうした行動には、現在の狩猟採集民のすべての論理が形をとっている。狩猟採集民は、今日でもなお自然界と相互に影響を与え合う弁証法的関係を育んでいるのだ。ヨーロッパのサピエンスが数千年前から備えるこの論理が、ビゾヴァヤ遺跡には一切見当たらない。ビゾヴァヤ遺跡が私たちに突きつけるものは、次元のまったく異なるネアンデルタール人の伝統的な手仕事だ。ただし、かれらの伝統は、これほど最近の時代にはもはや存在しないはずなのだが。紀元前四二千年紀以降のネアンデルタール人の存続をめぐる問題、あるいは単にネアンデルタール人の伝統や手仕事の存続をめぐる問題は、この二十年ほど科学界で盛んに議論されている。大陸各地からネアンデルタール人の遺骸やムスティエ石器（例のネアンデルタール人の物質文化）が見つかり、これまでよりやや最近の年代と同定された。もしかすると三万五〇〇〇年前、場合によっては三万年前まで時代が下るのではないかという。そしてその後……ベルギー、クロアチア、スペイン、コーカサスで見つかったネアンデルタール人の骨は、実はそれほど最近のものではないかもしれないことに気づく。年代測定上の問題が、人骨の年代決定に影響している可能性がある、と思いいたったわけだ。なぜこれほどの開きがあるのだろうか？　ネアンデルタール人の骨は、考古学上の極めて希少な遺物である。いずれも昔の発掘調査で見つかったものだが、当時の洞窟の調査方法は、洞穴《どうけつ》をつるはしで掘り進むというものだった。数十年の間に、ヨーロッパの大きな洞窟をほとんど工業的利用ともいえるやり方で探索する過程で、数千立方メートルの堆積物をかきまぜてしまったのだ。調査では、ネアンデルタール人の歯や頭蓋骨が、ときには完全な形で出土した。それは今日でも、大陸全体を通して、この絶滅したヒト集団に関する基本的な記録でありつづけている。当然ながら、つるはしの一撃の正確さを除いて、明確な考古学的背景は一切ない。なかには、一〇万年以上にわたって定期的にネアンデルタール人が暮らした洞窟もあり、そこにはそれぞれの時代に、洞窟における狩猟民たちの日常の活動を物語る数万点の道具と数十万点の骨が残された。このような膨大な考古学的資料はまざりあい、四万二〇〇〇年前のネアンデルタール人が捨てたものと、一二万年前の集団が捨てたものの区別はもうつかなくなっている。すべてがネアンデルタール人の遺物には違いないが、四万二〇〇〇年前にその洞窟で死んだネアンデルタール人は、一二万年前に洞穴に埋葬されたネアンデルタール人よりも、時間的にはずっと私たちに近いことを忘れてはならない。

時間的にはずっと私たちに近い……それだけだ。

そして、正確な背景から切り離されてしまったこれらの遺骸や遺物が、考古学者にとってほとんど意味をなさないことは直感的に理解できる。目の前にあるのは解けない謎、というよりむしろ、似たような数百万ピースのジグソーパズルの残骸がごちゃまぜに入れられたオリンピック競技用プールだ。がんばれ……。その挙げ句、こうしたいかにも美しく、いかにも貴重なネアンデルタール人の骸骨は、段ボール箱や引き出しや袋にしまわれ、貼りつけられ、樹脂で固められ、世界中から調査のためにやってきた博学なネアンデルタール研究者の汗ばんだ手で何世代にもわたっていじくり回されてきた。一〇〇年から一五〇年、あるいは一七〇年の間、繰り返しいじくり回された末、二〇世紀末と二一世紀初頭に傑出した研究者がやってきて骨を削った粉末を採取し、いくらかの分子情報を抽出する。すなわち、炭素14年代法で測定された年代、一九九〇年代以降は遺伝の歴史、遺物に含まれる同位体や化石化したタンパク質のことだ。真の自然科学には違いないが、構築されたものを支える土台はおそろしく脆い。私たち研究者がこれまでに構築し、今も構築し続けているこの人類の歴史は、今やその大部分が非常に精度の高い分子解析を基盤としている。ただしそれは、もとの絵がわからないパズルのばらばらになったピースを分子解析するようなものだ。確かな考古学的背景を伴わない遺骸の年代を決定するには、一般に、背景から切り離された炭素14によるいくつかの年代に基づくしかない。だが、確かな背景を欠く分子解析ほど脆いものはない。一般には、骨の右側が四万年前、左側が二万年以内のもの、などとされるだろう。ごまかされてはいけない。この分子解析結果に基づく結論は、すべて議論の余地があるということだ。現在の考古学の技法は、図柄を分析する前に、まずはパズルを組み立てられる唯一の技法だが、それに基づくと、このような結論や仮説はありえない。想像してみてほしい。現在、私が発掘しているローヌ川中流域のマンドラン洞窟では、年に二〜四カ月のペースで約三〇年間、筆と小さな竹棒を使って掘り続け、古代の堆積物のなかをようやく六〇センチメートルの深さまで降りることができた。というわけで、今では必然的に、ネアンデルタール人の遺骸はほとんど見つからなくなっている。多少なりとも完全な遺骸が最後にフランスで発見されたのは一九七九年。今から四二年前である。この遺骸の考古学的背景、年代、人物が担っていた文化は不明で、盛んに議論されてはいるが、結論に達することはなさそうだ。

資料の質を見るかぎり、一部の生体物質の解析を信頼して成り立っているこの科学的証明は脆い。信用の問題だ。資料が正しければよいのだが……。というわけで、私たちが用いる主要な記録資料は、大昔とはいわないまでも古い発掘に由来する。ネアンデルタール人に関する考古学的資料あるいは分子資料、分析、結論は、相当に危ういのだ。それゆえ、科学論文もすぐに失効する。そのこと自体は分野の健全性の印ではあるが、本書で私たちが関心を寄せるネアンデルタール人の実際の姿や暮らしを見極める助けにはまったくならないし、ましてやこの集団がいつどのように絶滅したかについてはいうまでもない。

というわけで（また、「というわけで」だが）ネアンデルタール人は、最近も多くの科学的分析が示唆しているように、紀元前四二千年紀以降も生き延びたのだろうか？　提示される説はますます根拠が脆くなっているようだ。時代が最も新しいとされていたネアンデルタール人の遺跡は、改めて分析されるたびに少しずつ年代が古くなり、絶滅年代が少しずつ過去に遡っているようである。なかには、最後のネアンデルタール人社会に関する考古学的資料の批判的分析に、いまだに耐えている遺跡もあるようだ。しかし科学界には、ネアンデルタール人がヨーロッパの南端にあたるイベリア半島南部に生き残っていたかどうかをめぐって、騒々しい議論が存在する。この地域では、ネアンデルタール人の遺骸はまったく見つかっていないが、石器作りに使われた技術の分析により、ネアンデルタール人の文化に属するとされる考古学的資料がある。このムスティエ文化の技術は、ヨーロッパではネアンデルタール人のみに結びつけられているが、それがイベリア南部では非常に遅い時期に見つかり、三万年前でもまだ使われていた、ということらしい。科学的議論は、今では炭素14年代法の質に左右される。骨はこの年代測定法に適しているとはいえ、ヨーロッパ南端の資料は地中海の温暖な気候の影響を受けているために異常な結果を示すことも珍しくなく、出土品は実際の年代よりかなり新しい年代に同定されてしまう。年代測定の際は、わずかな汚染が厄介な誤差を生む。最近の炭素が一パーセントまざるなどの些細な汚染でも、骨は七〇〇〇年若返ってしまうのだ。このような骨の保存と汚染の問題は、今では十分に認識されるようになった。ただし、その問題を取り繕うための戦略の一つは、骨を測定するのではなく、同じ土層《どそう》〔考古学的遺跡を構成する地層のこと〕に保存される炭素の年代を測定することだ。実際の結果はかなり期待外れである。得られる測定値のばらつきは非常に大きいのが常であり、ときにはその開きが二倍にもなる。こうなると、問題は方法ではなく、土層を漂う小さな炭素だろう。この非常に小さくて軽い物質は、微細な根や通過する水に運ばれて土層を数千年分移動する。こうした炭素は疑いなく新しいものだが、本当に洞窟内でネアンデルタール人が燃やしていた火に由来するのだろうか？それともただ浮遊する小さな物質が侵入しただけか？　現時点では、ヨーロッパ大陸最西端に古代の先住集団が生き延びていた可能性をめぐる論争に、科学的に決着をつけることは不可能である。保留にしておかなければならない。

ビゾヴァヤ遺跡では、このネアンデルタール人の存続問題とはまさに正反対のイメージが展開される。ヨーロッパ大陸の北東端では、議論の余地なく約二万八〇〇〇年前と同定される土層で見つかった数百点の打製石器が、ヨーロッパ史で認められる技術的着想の点で、純粋にムスティエ文化の、つまり純粋にネアンデルタール人のものとみなされている。北極線上に残されたこれらの出土品には、比較対象がほとんどない。すでに述べたように、ビゾヴァヤ遺跡は北極地方で知られるわずか三つの古代遺跡の一つである。ビゾヴァヤ遺跡の場合、北極圏の気候は、炭素14年代法に用いる骨の保存状態に対し、イベリア半島の気候とは正反対の影響を及ぼした。ビゾヴァヤ遺跡の骨には四〇回以上の年代測定が実施されているが、得られた年代にばらつきはなく、スペインのように測定値が数千年の範囲に及ぶこともない。年代は狭い範囲にかたまり、正確に定まっているのだ。すべての信号は青である。ビゾヴァヤ遺跡の骨の保存状態は素晴らしく、炭素14年代法には最適だ。骸骨は存在期間の大部分を凍土のなかで過ごしたため、コラーゲンが完璧に保存されていた。多くの測定値がどれも旧石器時代の一時期を指し、いずれも二万八〇〇〇年前頃に集中している。測定値は確かである。炭素14年代法の第一人者、オックスフォード大学のトム・ハイアム教授によれば、ビゾヴァヤ遺跡は世界で最も正確に年代決定されたムスティエ文化の遺跡に数えられるとのことだ。ここで年代測定に使用されたのは、浮遊する微小な炭素ではなく、解剖学的につながったマンモスの完全な骸骨である。骨には、切断に使われたムスティエ石器の跡がついている。二〇〇七年、コミ共和国で開けたこの引き出しを前にして、私の頭のなかではまったく思いがけない歴史のシナリオが形を取りはじめていた。ムスティエ文化の一部が北極線上で、しかも世界のほかの地域から姿を消した一万四〇〇〇年後に見つかるとは、どういうことなのだろう？

東方と西方からの北進

極北の謎に迫るには、北極線上に位置する、ペチョラ川のほとりの魅力的な現場に戻る必要があった。私たちは、フランス外務省の後援を受け、ヨーロッパ北極地方における入植の問題を探るため、フランスとロシアの研究者で調査団を編成した。極地のタイガで仕事をするのは気に入ったし、ヨーロッパにおけるこの未開の地は、どこをとってもカナダの北極地方の美しさによく似ていた。果てしなく広がる北極圏の美……。

ビゾヴァヤ遺跡にたどり着くには、サンクトペテルブルクから鉄道で、北東に向かって一直線にペチョラの町まで行く必要がある。数日間の列車の旅では、ヨーロッパ北極地方の広大な原生林を横切る。列車は、時速約六〇キロという遊覧船のようなスピードで進む。オリエント急行か、アメリカ初の蒸気機関車による大陸横断鉄道「ユニオン・パシフィック鉄道」のノスタルジーを感じさせる。鉄と木とアルミとレースのカーテンを組み合わせた各車両は、冬季の故障に備えて、数日分の水と暖房、および必要な食料が確保された独立基地として設計されている。ここでは、年に約八カ月が冬である。気温がマイナス三五度になる長く寒い冬、この鉄道以外に実質的な交通手段がない土地で故障や連絡の途絶が起これば、数時間か数日間にわたって立ち往生することになる。この場合、コンパートメントの独立とその重要な機能の継続性は、輸送手段の単なるオプションではないのだ。各車両の先端には石炭ボイラーが設置され、暖房システム用のお湯を確保すると同時に、銀メッキの美しいサモワール〔ロシア式湯沸かし器〕にお湯を供給し続けている。地球は丸いため、北半球の三つの大陸はそれぞれの北端で出会う。アメリカ大陸の民族全体に、先祖が北極圏で暮らしていた痕跡が認められることを明らかにしたのは、極北の先史社会を専門とするパトリック・プリュメである。かれらの伝統のうちには、かつて北極地方から旅立ち、ベーリング海峡を渡った遠い記憶が留められているという。

北方への旅は、いやおうなくヨーロッパをアジアとアメリカに近づける。極北では、すべての境界が必然的に出会う。ヨーロッパの極北にいる私たちは、東方との境界にいるわけだ。ゆっくり進むオリエント急行に戻ろう。いつでも飲めるお茶やコーヒー、各階の暖房……古めかしいながらも心地よい単純な贅沢である。子どもたちはすぐに共有スペースをわがものとし、車両から車両へと通路を走り回る。それぞれのスペースで、遠慮というフィルターを通さない生活が繰り広げられる。停車するたびに老人が窓をたたく。ブルーベリーやきのこや干し魚などの見事な収穫、季節によってはバニラアイスを乗客に提供するのだ。いつ再び発車するのかもよくわからない停車時間には、プラットホームに降りるロシア人の若者の様子が見ものだ。タバコを口にくわえ、サンダルに短パン姿で、動かない地面をしばらく楽しむ。到着がはるか先の約束のように聞こえるこの旅では、羽を伸ばす必要があるということだ。「サンダルに短パン」は、気温マイナス二五度の二月であっても、停車中のお決まりの格好である。むき出しの脚で外に出て、ホームでカチコチのバニラアイスをゆっくり味わう。ここでは、極端な気温に対する身体の適応と、率直で自覚的な男らしさの社会学的表現がまじりあっている。目にも頭にも心地よい光景だ。

緩慢な旅は終わりがないように思えるが、いくつかの工業地帯を除けば雄大で野性味にあふれている。何時間にもわたってタイガが続くかと思えば、見渡すかぎり古びたコンクリートの煙突や錆びついた金属が無限に連なる風景が後ろへと遠ざかってゆく。七色の毒々しい煙を吐き出す巨大な工場。道の窪《くぼ》みに淀んでいる水も蛍光緑に近い特異な色を帯び、映画『マッドマックス』の世界を思わせる光景に独自の貢献をしている。吐き気がする。どうしてこの列車はもっと速く走れないのか？　とはいえ、一行は最終的には必ずペチョラに到着した。四万人が住むこの町は北極線上に位置する。一九四〇年、ペチョラ川沿いに、鉄道の駅と港に挟まれた形でとってつけたように建設された町。ペチョラは極地にあるとはいえ、ソビエトの強制労働収容所らしい優美さに満ちている。一九五九年までに数万人の囚人を収容したこのグラグは、奴隷扱いされた人々自身の手で建設された。町は年間二〇〇日近く雪に覆われる。寒さが和らいで快適に過ごせるのは、年に二カ月強だ。錆びついたような環境に、よくある世界の終末のイメージを思わずにはいられない。だが、惨《みじ》めなのはそこまでだ。ペチョラの人々の温かさ、ロシア人一般の温かさは、一見すると険しい表情の下にも隠せないからである。人々の裏表のない善良さは、この陰鬱な環境に羨ましくなるような特徴を添えている。地元の博物館を訪れ、収蔵されている資料を分析したのち、狩りと釣りの道具を扱う卸売業者の業務用倉庫を一回りして、土地にふさわしい装備を揃える。レインコートと腿《もも》まである長靴、それに〝モシュカ（Mochka）〟除けの網つきの帽子だ。モシュカは北極地方に生息する蚊と蠅《はえ》の雑種のような虫である。ごく小さな蚊に似ているが、刺すのではなく嚙みついて肉を引きちぎる。問題は、夏にはそれが体中にまとわりつき、あまりに小さいので帽子から垂れ下がる網をすり抜けて侵入することだ。かつてのグラグから車で数時間走ると、大河が湾曲した地点にあるビゾヴァヤ遺跡に着く。ここでは対照的にすべてが自然である。すべてが自然のままに壮大だ。モシュカのことを除けば。モシュカのせいで、私たちは動きを止めるたびに、水で濡らしたモミの木とカバノキの古い切り株を燃やさなければならなかった。辺りに煙を立ち込めさせ、調査の間、タイガのなかで静止していられるようにするためだ。野営地は遺跡に近い空き地に設置された。周囲の環境は魅力的だ。眼下には大河が流れ、目の前に果てしなく広がる森林は地平線の彼方で北極ウラルの山塊《さんかい》と交わる。道の途中で、葦《あし》の釣り竿を肩にかけ、魚釣りに行こうとする老人とすれ違う。

「ты француз?［あんたたち、フランス人かい？］」

「そうです」

老人は歯の抜けた口を大きく開けて笑う。

「Даже Наполеон не дошёл так далеко!［ナポレオンでもこれほど遠くまでは来なかったよ！］」

こうして私たちは、一八一二年にナポレオン軍がロシアから撤退したエピソードにどっぷりと浸る。言い伝えによれば、このロシア遠征中、倒れた馬は寒さのために立ち上がることができず、人間は火に近寄りすぎて焼け死んだという。だが今、私たちが関心を寄せる唯一の四足動物はマンモスだった……。

極地に避難した最後のネアンデルタール人？

ビゾヴァヤ遺跡は川のほとりに位置し、最終氷期に形成された数メートルに及ぶ泥土《でいど》や砂の風成層《ふうせい》（砂や泥などが風に運ばれて堆積した地層）の下に埋まっている。土手の傾斜と川の流れによる浸食のおかげで、土層に到達するのは難しくない。何本かの溝を掘ると、人間の住居跡を露出させることができる。目的の土層に到達するとすぐに、マンモスの見事な遺骸とともに打製石器が現れた。遺跡には、驚くほど大量のマンモスの骸骨が化石となって埋まっている。地中深くに埋もれていたものが次々に現れる。遺跡は、時間による変化を被らなかったようで、遺物が元の位置にあることは疑いようがない。骨の分析からは、この地にいた人類が主にマンモスを利用していたことがわかる。川沿いを探索すると、先史時代の人々が利用していた主要な岩石のかけらを集めることができる。ペチョラを通ったとき、私は工芸職人のところで、周囲のタイガで見つかったヘラジカの枝角をいくつか入手していた。これらの枝角と川で集めた小石を用い、私は先史時代の人々がマンモスの肉を剝ぎ取るために打ち砕いたのと同じ岩石を加工してみる。岩石は非常によく反応し、以前スィクティフカルで分析した、旧石器時代の主なカテゴリーの石器を再現することができた。職人たちが、道具作りの基本的な材料であるこの素材を熟知していたことは明らかだ。また、川で集めた小石が多種多様な道具を作るのに適していること、ビゾヴァヤの謎の人類がさまざまな形の道具を作りたいと思ったら、材料はここにあったこともはっきりした。任務の最後には、数日間かけてペチョラの博物館の資料を調べた。いつものように私たちを熱烈に歓迎した館長は、熱々のお茶と……ビニール袋を一つ持ってきた。なかには、水で磨かれてはいるが、燧石を打ち砕いて作った見事な矢じりが入っていた。「ルヴァロワ技法」という、ネアンデルタール人に特徴的な石器作りの技法が用いられている。それはビゾヴァヤ遺跡で出土したものではなく、子どもがペチョラで見つけたものだった。

南部へ戻る列車に乗る前に、館長はこの掘り出し物の現場に私を連れていく。そこで一日探索して見つけたものは、ソ連時代の古びた港を取り巻くさびれた光景だけだった。この石の矢じりは、地図上の孤立した一点となる。極地の謎が一つ増えた。

数週間後、サンクトペテルブルクに戻った私は、ビゾヴァヤ遺跡と同時代の遺跡から出土した打製石器のコーパスを分析した。ビゾヴァヤ遺跡より南の地域の発掘現場に由来する石器の資料群で、範囲は北極圏に接する地域からロシア平原（カスピ海から黒海まで）に及ぶ。これがソビエトの考古学の利点である。現在では、考古学的資料の見事な集中管理の恩恵に預かれる。かつて皇帝が暮らしていた宮殿の見事な天井画の下に置かれた木製の大きな引き出しを次々と開けていくだけで、私はいながらにして中央ヨーロッパと東ヨーロッパの各地をイラン国境まで旅することができた。

ロシア人の同僚は、羨ましいとしか言いようのない、裏表のない寛大な態度で、かれらの貴重な考古学的資料をすべて私に利用させてくれた。静けさに包まれ、ソ連崩壊後に残された調度類の古めかしい魅力に囲まれながら、引き出しを開ける。多数の打製石器の加工技術を分析するが、東ヨーロッパ南部地域の考古学的資料のなかで目にするのは、ヨーロッパ旧石器時代の極めて古典的な加工技術である。ビゾヴァヤ遺跡と同時代の社会の加工技術を分析しているにもかかわらず、である。この先史社会の伝統をさらに理解するために、それより古い時代や新しい時代の遺跡に関する自分自身の研究も総動員し、幅広い時代にわたるパノラマのなかで、東ヨーロッパの旧石器時代の集団が育んだ伝統の発展を検討する。

結論は思いがけないものだが、疑う余地はない。私は周辺地域、さらに南の黒海やコーカサス、カスピ海の障壁にいたる各地の資料を自分の目で見て分析したが、ビゾヴァヤの技術はそうした地域で知られているものとは明らかにまったく結びつかない。ヨーロッパの北極線上で私たちが対面しているのは、極めて一様な技術による、考古学的にきちんと整理された、しかも二万八五〇〇年前と完璧に年代の定まった資料である。ただし、私はこの技術をよく知っている。ためらう余地もない、正真正銘のムスティエ文化のものである。ヨーロッパでは、ムスティエ文化がネアンデルタール人以外に結びつけられたことはない。ネアンデルタール人の遺骸が見つかることは極めて珍しいため、ムスティエ文化の遺物だけが、その遺跡にネアンデルタール人がいたと認識する手立てになっているほどだ。しかし、私たちがいるのは、最も北にあるネアンデルタール人の遺跡の、さらに一〇〇〇キロ以上北に位置する北極線上である。何より、年代の隔たりが大きすぎてめまいがしそうだ。ビゾヴァヤ遺跡は、ネアンデルタール人が地球上から消えたとされる年代より、ゆうに一万四〇〇〇年あとなのである。

ビゾヴァヤの人間は誰だったのか？

この基本的な問いをテーマとして、私たちは二〇一一年に重要な研究を発表した。権威ある『サイエンス』誌に「北極線付近における後期ムスティエ文化の存続（Late Mousterian persistence near the Arctic circle）」と題して掲載された論文は、この注目すべき未解決の謎に対する論争に火をつけた。それでも、私たちはすでに三点の基本的な結論に達していた。ビゾヴァヤ遺跡の石器加工技術は厳密にムスティエ文化に属すること、年代は疑問の余地なく二万八五〇〇年前であること、ヨーロッパではこの技術的伝統に結びつくのはネアンデルタール人だけであること。

ヒトの骸骨が見つかり、さらに踏み込んだ結論が引き出せればよかったことは言うまでもない。

それに、北極地方への入植を理解するための遺跡は、すべて合わせても地球上に三カ所しかない。これらの遺跡を調査しても、謎の解明に向けた道を開いて仮説を組み立てることしかできず、結論はいずれも脆いままだ。この謎めいた集団が本当のところ誰だったのかは、誰も知ることができない。だが仮に、ヨーロッパでこのムスティエ文化の最後の担い手がホモ・サピエンスだったとしよう。その場合も発見は注目を集めるだろうが、同時に、旧石器時代の極地文明に対する私たちの理解を混乱させることも確かだ。

はるかに古い時代のことだが、アフリカから近東にいたる地域では、ホモ・サピエンスが、ネアンデルタール人に認められる技術的伝統とかなり近いものを実際に受け継いでいたことが知られている。ただし、サピエンスの集団がヨーロッパとユーラシアの高緯度地方に本格的に入植した頃には、かれらがネアンデルタール人の伝統とははっきり区別できる伝統をもっていたこともわかっている。サピエンスの目を見張るほど近代的な新技術は、石器類の統一化に基づいて確立された。かれらの武器体系は、弓と投槍器という力学的な推進システムの組織的な使用に立脚する。そして美術と、動物の骨や牙を使用した豪華な装身具とが、ユーラシア大陸入植時のサピエンス社会に共通する伝統基盤である。大陸南部の地中海東岸は、サピエンスが紀元前一〇〇千年紀よりはるかに古い時代から暮らしていたことが知られるが、ここではこの新たなやり方を、おそらく紀元前五〇千年紀以前というかなり古い時代に認めることができる。この緯度では、このやり方が、ムスティエ文化の古い伝統に急速に取って代わった。サピエンスが広大なユーラシア大陸の生活環境全体を急速に征服することになるのは、この新たな加工技術と新たなやり方に力を注いだからにすぎない。すばやく広範囲に入植したサピエンスは、先住民であるネアンデルタール人が長年暮らしていた領域全体を驚くべきスピードで包囲する。こうした革新は、極地のビゾヴァヤに人々が暮らしていた時期の二万年以上前に、ユーラシアのサピエンス社会にくまなく広まっている。つまりサピエンスは、紀元前五〇千年紀以降にはムスティエ文化の古い技術的伝統を捨てたわけだ。その後、この技術的伝統は大陸のネアンデルタール人のもとでのみ存続し、数千年後にネアンデルタール人が生物学的に絶滅すると同時に姿を消した。

またすでに見たように、シベリアの北極地方では、ヤナRHS遺跡がビゾヴァヤ遺跡と同時代である。ヤナRHSの発掘調査で見つかったサピエンスの子どもの歯二本のDNAからは、ネアンデルタール人の唯一の集団との遺伝的交雑が明らかになった。しかし、ヤナRHSはビゾヴァヤ遺跡から直線距離で二〇〇〇キロ離れている。しかも、ヤナRHSの豊富な出土品は、マンモスの牙をほとんど工業的に利用していた点や、無数の装身具や骨製の針を多数製作していた点で、近代的な伝統に通じるとされる。

もう一つ、残念ながらはるかに南だが、ヤナやビゾヴァヤ遺跡よりも、さらに古い時代にシベリア地方に暮らした集団について教えてくれる発見がある。現時点で、この集団はシベリア最初期の入植者とされている。それは骨一片、正確には大腿骨のかけら一つという孤立した発見だ。二〇〇八年にロシア人の芸術家ニコライ・ペリストフが発見した。ペリストフは古代のマンモスの牙を使って、アクセサリー、ネックレス、現代彫刻などを制作している。骨が見つかったのは西シベリアのイルティシュ川の土手で、地元の警察署に持ち込んだところ、人の骨とわかった。黒く変色した外見、重さ、化石化の状態から、それが古いものであることは疑いようがなかった。警察は現代の殺人事件か何かの遺物とは考えず、直ちにかなり古いものだと判断する。素材感が、ペリストフが集めた旧石器時代の骨と間違えるほどよく似ていたからだ。年代測定、遺伝子解析……そして仰天！　四万五〇〇〇年前の人間の脚の骨だったのである。存在していた期間の大部分にわたってシベリアの凍土に埋もれていたため、DNAの保存状態が非常によい。このウスチイシム（Ust'-Ishim）の骨からは、これまでで最古のホモ・サピエンスのDNAが得られた。場所はウラル山脈の東側、西シベリアである。地理的には、インドとタイミル半島（石器を使って殺され、解体されたマンモスの骸骨が見つかった場所）の間に広がる広大な領域にあたる。だが、ウスチイシム人がタイミル半島の狩猟民の古さに並ぶには三〇〇〇年余り足りず、何より北極地方に到達するには北方に直線距離で一五〇〇キロ足りない。時間的・空間的隔たりを考えると、まだ説明がつかない。しかし、遺伝情報からは少なくとも興味深い道筋が得られる。ウスチイシム人は、はるか東のヤナで確認された「古代北シベリア人」とは完全に区別されるが、現生人類の集団に直径の子孫を残さずに絶滅した人類の一系統である点では同じだ。さらに興味深いことに、ウスチイシム人には、ヤナの人々と同じく、近隣のアルタイ山脈に暮らしていたことが知られるデニソワ人と遺伝上の接点がまったくない。やはりヤナと同じく、ウスチイシムのサピエンス集団はネアンデルタール人の血を引いている。遺伝子解析によって、ネアンデルタール人とホモ・サピエンスが出会った年代を計算することができるが、その計算によれば、この出会いはウスチイシムで見つかった人物が生まれる八四世代前（一五〇〇～二〇〇〇年前）に起こったようだ。ということは、今から四万六〇〇〇年前から四万七〇〇〇年前のことである。したがって、ウスチイシム人が抱えているネアンデルタール人の遺産はそれほど昔のものではない。マンモスとオオカミの遺骸からしか確認できていない、北極地方への入植の初期に十分重なる可能性がある。絶滅したサピエンスの二集団、古代北シベリア人とウスチイシム人には、ネアンデルタール人の痕跡が認められるが、アジアにいたネアンデルタール人のいとこ、デニソワ人は、この家族の集まりに姿を見せていない。この手がかりは、サピエンスがネアンデルタール人と出会った地点がずっと西で、もしかするとかなり北でもあったとする考えと辻褄《つじつま》が合うように思える。出会った地点が、デニソワ人が暮らしていたはるか南の地域の外側に位置することになるからだ。

北極圏の最初の入植者は、北極線の六〇〇キロ北に四万八〇〇〇年前の痕跡が認められる集団だが、かれらの正体はいまだにまったくの謎である。かれらが残した狩りの獲物の分析に異論の余地はない。かなり古い時代に、人類が北極に近いこの地域に暮らしていたことは確かだ。私たちが知るかぎり、当時ユーラシア大陸の中緯度地方に暮らしていたのは絶滅した人類（ネアンデルタール人とデニソワ人）だけであり、ウスチイシム人の遺伝子が示すサピエンスとネアンデルタール人はまだ出会ってすらいない。そのため、私たちにはまだ、高緯度地方における大昔の人類の存在は理解できない。人類がそこにいて、マンモスとオオカミを狩っていたのはわかっているが、かれらの工芸品は一つとして見つかっていないし、かれらの伝統も組織も、いつ北極線を越えて世界の果てに到着したのかもわからない。私たちを悩ませる北極圏の謎には、今日でもまるで手がかりがない。

ネアンデルタール人は極地の生き物なのだろうか？　それは誰にもわからないが、こうした調査によって、私たちはネアンデルタール人をめぐる知識の限界に挑み、極地への探検で疑問に包まれる。それは、この絶滅した人類を理解しようと、かれらに立ち向かおうとする研究者の一歩一歩に、常につきまとう疑問である。

マンモスの民からクジラの民へ

ここで、この驚くべき北極圏の文明はどうなったのか、という疑問が浮かぶ。

ヤナとビゾヴァヤという北極地方に人類が入植した数千年後、地球の気温は大幅に低下し、七〇〇〇年から八〇〇〇年続く氷期に突入する。緯度が非常に高い地方は、その頃に放棄された可能性がある。だが、これほど不確かなことはない。データが不足しているうえ、今のところ、古代の極北の民については何もわからないのだ。一万一七〇〇〇年前に地球の温暖化が始まると、北極圏の環境は大きく変化した。かつて狩猟獣がひしめいていた最北の土地からは、マンモスやウマやバイソンが姿を消した。沼地と化した北極地方は、大型草食動物の群れを養うには適さなくなった。北極圏の新たな環境に直面した入植者の対応は注目に値する。実際、温暖化から数千年後の状況は、北極に近いジョホフ(Zokhov)島の住居跡が発見されたことで、再び考古学的に把握できるようになる。ジョホフ島は、北極線から約一〇〇〇キロ北の北極海に浮かぶ、面積七七平方キロメートルの小さな島である。ちょうど英仏海峡に浮かぶガーンジー島くらいの大きさだ。

九〇〇〇年以上前の住居跡には、意外な狩猟の記録が残る。ジョホフ島の集団は、ホッキョクグマの組織的な利用を基盤として食料経済を確立していた。ホッキョクグマは、当時の北極圏の高緯度地方で手に入る、主要な大型陸上哺乳類の代表である。ホッキョクグマは恐ろしい捕食者だが、ジョホフ島の人々はその肉を目当てに、槍や投槍を襟首や頭部の根元に突き刺して狩っていた。だが、この戦略は危険なうえ、ホッキョクグマだけでは、かつて氷河期に広大なマンモス・ステップで手に入った豊富な資源の代わりにはならなかった。

より最近の考古学的データからは、入植者がホッキョクグマだけでなく、ホッキョクグマの獲物である海洋資源にごく自然に目を向けはじめたことが明らかになる。海の資源はあまり危険ではないように見えるかもしれないが、北極地方では社会や武器、加工技術や数千年来の習慣を根本的に再編成する必要がある。魚と哺乳類を含む海洋資源の利用は、マンモスの民とクジラの民を一〇〇〇年の揺るぎない線で結ぶわけだ。クジラの民とは、沿岸部に暮らす一部のイヌイット集団であり、今日でもかれらの社会は、カナダとグリーンランドの極地で入手できるこれらの資源を中心に組織されている。

だが、北極圏の〝マジノ線〟〔一九二〇～一九三〇年代にフランスが対ドイツ防衛線として国境沿いに建設した要塞群〕上には古代の遺跡がほとんどない。手がかりのない数千年という年月のせいで、極北の最初の入植者をめぐる厄介だが魅力的な歴史を描く作業は困難を極めている。

第三章　森の食人種？

ネアンデルタール人は、その本質から北極地方における把握しがたい現実まで、ほぼ常に謎の存在である。一〇万年以上前であれ、中・低緯度地方であれ、場所や時代が異なってもかれらの行動の性質と意味がよく理解できるわけではない。まるで、謎と問いこそが、この絶滅した人類のガイドラインの象徴であるかのようだ。さて今度は、私たちが通ってきたマンモス・ステップから遠く離れた豊かな原生林のなかで、意図的に折られ、解体され、切断された一〇万年以上前の人骨が発見され、森の民のなかに食人種が存在したのではないか、という説が浮上する。食人種？　本当だろうか？

皆、これを食べなさい……

「カニバリズム（食人の風習）は、やめるよりも始めるほうが容易なようだ」

これは映画『羊たちの沈黙』におけるハンニバル・レクターの発言を引用したものではなく、民族学者エレーヌ・クラストルが、南アメリカの社会で広まっていた食人の慣習について一九六八年に述べた言葉である。

初めて読むと驚いてしまう。

カニバリズムは、人間の体を食べる行為を指す。全部か一部かを問わず、人間の肉体を食肉扱いすることだ。正確には、個人の遺骸を消費する行為である。摂取されるのは必ずしも人間の筋肉組織ではなく、髪の毛や骨などほかの部位かもしれない。そもそも、クラストルが言及した熱帯雨林の民族が共通して摂取するのは骨である。肉か骨かの違いによって、実践される儀礼が驚くほど異なる場合もある。人肉を食べる行為と聞けば、人は仰天し、興味を引かれ、疑問を抱く。とはいえ、この驚くべき摂取行為は世界各地で広く見られ、あらゆる時代にさまざまな形で、多くは思いもかけない場面に出現する。皆さんも知らずにカニバリズムを実践しているかもしれない！　憤慨するなら、あと何行か読んでからにしてほしい。きっとわかってもらえるだろう……。人体の素材を摂取するという話は、欧米人の立場から異国の伝統について紹介しているどころではなく、私たち自身の歴史に深く刻み込まれている。ヨーロッパでは、旧石器時代から鉄器時代にいたるまで、実質的な断絶もなくこの習慣を認めることができる。考古学的データを見れば、カニバリズムが、私たちの祖先であるガリア人の社会も含め、非常に多くの社会の日常を彩ってきた事実は疑いようがない。紀元一世紀、大プリニウスはこの習慣について記し、一部のケルト人がそこに与えた儀礼上の意味を記録している。ローマの博物学者の文章は、起訴状や政治的意図を込めた非難のようには見えない。古代ケルト人を最も卑しむべき野蛮人とみなしているわけではないのだ。考古学によって明らかにされたように、今日《こんにち》では、鉄器時代の先住民社会でカニバリズムが広く普及していたことに、異論の余地はほぼない。コミック『アステリックス』〔古代ローマ時代を舞台とするフランスの人気バンド・デシネシリーズで、主人公のアステリックスはガリア人である〕のイメージは崩れるが、原作者ゴシニが描くヒーローたちの最後の晩餐をすてきなシーンで彩るだろう……。カニバリズムはヨーロッパ中世をめぐる想像の世界にも共通しており、この慣習に対する非難は、現代の文章や幻想にいまだにちらほら顔をのぞかせる。中世から近代までの歴史を通じて存在し、一九世紀に最も広まった魔術書「グリモワール」には、人の肉や血を摂取する必要のあるレシピが多数掲載されている。一七世紀にとくに広く普及したグリモワール『小アルベール』は、次のように勧める。「春の金曜日にあなたの血をとり、野ウサギの睾丸《こうがん》二つとハトの肝臓とともに小瓶で乾燥させる。すべてを砕いて細かい粉末にし、あなたが思いを寄せる人に、約半グラム飲ませる。一回で効果がなければ、最大三回まで繰り返すこと。そうすればあなたは愛される」とのことだ。恋に狂った者への助言である……。

こうした慣行はカトリック教会とその武装組織である異端審問所によって激しく攻撃されたが、カトリック教会も、キリスト教に内在する儀礼化されたカニバリズムの慣行については負けていない。「『取って食べなさい。これは私の体である』。また、杯を取り、感謝の祈りを唱え、かれらに渡して言われた。『皆、この杯から飲みなさい。これは私の血である』」。この文章は解釈の余地をほとんど残さないし、一五五一年のトリエント公会議では、この実体変化〔カトリックの神学用語。パンとぶどう酒の実体が消滅し、文字通りキリストの実体（体と血）に変わったとする解釈のこと〕が物質的現実と判断された。ホスチア〔聖別に用いられる酵母を使わない円形の薄焼きパン〕とワインは、キリストの体と血を象徴するのではなく、この体と血の「現実の存在」〔＝実体〕を取り込んだものであり、それを口にすることが求められている。

『小アルベール』に書いてあるように、明確に定められた儀礼を通して、愛と愛する者の摂取とを結ぶ微《かす》かながらくっきりとした線が、無意識のうちに引かれている様子を見ることができる。好きな人を「食べてしまいたい」と言うのに少し似ているだろうか。

この研究テーマはどう見てもかなりの厚みがあり、思いがけない回り道をすることになる。カニバリズムはいたるところで見られるが、決まって厳格すぎる定義からは逃れているようだ。結局のところカニバリズムは、タルタルソースを添えたおばあさんの肉のステーキを作るという話に留まらず、私たちの感情の構造や愛の捉え方、自身の内部における存続を条件とした死の受容について教えてくれる。食人にはさまざまな形があり、最も一般的でありながら最も社会から拒絶された慣習について、私たちに問いを突きつける。

今日でも、ポップカルチャーを通じて、食人種は常に自分たちとはかけ離れた野蛮人であり、このうえない極悪人だと直感的に理解されている。知能が高すぎるハンニバル・レクター、狼化《ろうか》妄想、人の血を飲んで生まれ変わる吸血鬼。どれも食人種だ。いずれも非人間的だが、超人でもある。カニバリズムは、私たちを超越する何かに通じる無意識の（だが拒絶された）道を示してはいないだろうか？「イエスは言われた。『はっきり言っておく。人の子の肉を食べ、その血を飲まなければ、あなたたちの内に命はない』」（ヨハネ：六章五三～五八節）。

一九世紀なかばより、民族学者と先史学者は、カニバリズムを通して思いがけない文化的奥行きが浮かび上がるのを感じとるようになった。

　同じ頃、カニバリズムはネアンデルタール人（当時はムスティエ人と呼ばれていた）が実践したにしては複雑すぎるのではないか、という考え方が現れる。「それは、この野蛮な慣習が、ある程度の文明、魂と肉体の区別をめぐる抽象的な観念を前提としているという意見である。野蛮人は、敵を食べることで相手の優れた性質と勇気を吸収し、自身のエネルギーを倍増させようとする。また、勇者の人格を丸ごと取り込んだと信じ、自分自身の名前を捨て、犠牲者の名を名乗ることも多い。このようなものの見方は、ムスティエ人の風習と知的水準について私たちが知る一切とはまったく関連がない。カール・フォークト氏〔ドイツの科学者、哲学者、科学普及者、政治家で、のちにスイスに移住した〕の説が根拠の確かなものであれば、この蛮族はたまたま人肉を食べたにすぎず、このような主張がいかに奇妙に聞こえようとも、かれらは食人種になれるほどの文明をもっていなかっただろう」。食人種になれるほどの文明をもっていなかった、とは！　これは一八七三年に、アルデシュ県のネロン洞窟の発掘調査に携わったド・リュバックが述べたことだ。ネロン洞窟では、炉のなかに、ネアンデルタール人が仕留めた獣の骸骨にまじって、横たわる姿で焼かれた人間の骸骨が発見された。

髄まで食べ尽くされた遺骸が出土

ネロン洞窟の素晴らしい考古学的資料は散逸し、洞穴内におけるネアンデルタール人の遺体の扱いを裏づける調査はまったく行われなかった。一二六年後の一九九九年、ネロン洞窟の約二〇メートル下方にある小さな洞穴で、あるネアンデルタール人社会におけるカニバリズムの実態が示された。だが、私たちはどのカニバリズムについて話しているのか？『サイエンス』誌に発表されたこの論文に、私も著者のひとりとして名を連ねていた。私は二〇歳でこの魅力的な洞穴に出会い、先史考古学を専攻する学生としての最も充実した時代をここで過ごすことになった。年に一カ月、六年続けてこの洞穴の発掘に携わったのだ。プロジェクトの最後には、丸一年をこの岩山の出っ張った部分で過ごした。少人数のチームで作業を続けたこの現場で、私は初めて本当の意味で、ネアンデルタール人と触れ合うことができた。洞窟は、岩山に穿《うが》たれた天然の井戸のような様相を呈していた。木のはしごで底に降りると、そこは約二〇平方メートルの小さな石造りの円形競技場のようになっている。足を下ろしたところは、紀元前一二〇千年紀の土層だ。興味深いがあまりよくわかっていないこの時代に、地球の気候は氷期から温暖な間氷期へと急転換した。かなり温暖化し、気温は現在よりも高くなった。すると、極地の気候に適応していた大草原は、またたく間に鬱蒼《うっそう》とした森林に取って代わった。現在のモンゴルのような広々と開けた風景が、豊かで密度の高い森林へと姿を変えたのだ。果てしなく続く広大な原生林では、木が伐採されることも、道路が建設されることもなかった。海水温は現在よりも平均二度高くなり、大幅な海進《かいしん》〔陸地の沈降または海面の上昇によって、海岸線が陸側へ入り込んでくること〕が記録された。巨大な大陸氷河が解けて、海面が数十メートル上昇し、現在より六〜九メートル高い位置に達した。景観は急速に変化する。植生だけでなく、生活環境全体がまったく異なる均衡へと移行する。それまで動物界を支配していたウマ、マンモス、トナカイ、バイソンといった大型動物に代わって、森林に生息する種が頭角を現した。とくにシカ科のノロやシカ、見事なオオツノジカが目立つ。オオツノジカは、枝角の幅が三・五メートルにも達する大型のシカである。自動車一台分の長さだ……。この森林地帯には、ハイエナ、ライオン、ヒョウ、オオカミなどの多種多様な肉食動物も生息する。大陸の考古学的記録によれば、この気候の急変を受けて生物多様性は急拡大した。げっ歯類、翼手《よくしゅ》類、両生類、ヘビなどの小型動物は、直前の氷期に比べて多様性が四倍から五倍に拡大している。

洞穴で日々のリズムを刻むのは、うんざりするような発掘作業である。遺物を地中から取り出す際に傷つけないよう、竹など小さな道具を使って行う。堆積物は、水のなかで目の細かいふるいにかけてから乾かして選別し、ごく小さな動物種の微小骨を回収する。これが、過去の環境と気候を再構成するためには欠かせない。調査の目的は魅力的だったが、毎日の作業は面白みに欠け、たいして誇れるものもない。洞穴からは、石器はほとんど見つからず、遺骨もめったに出てこない。土層自体、専門的でない調査で荒らされていた。地元の愛好家が毎週日曜日につるはしで掘り返していたからだ。出土品が乏しかったため、洞穴の重要性が認識されるのが遅れた。一九七〇年代の考古学局の予測によれば、この岩場の小さな穴にある遺物は、おそらく上方に張り出した巨大な洞窟、つまりネロン洞窟から坂を下ってきたものばかりだろうということだった。ネロン洞窟はまさに旧石器時代の大聖堂ともいうべき遺跡で、一九六五年に歴史的建造物に登録された。当時、考古学を管轄する行政局は、愛好家にこの小さな洞穴の発掘作業を許可すれば、アルデシュの丘陵地帯に隠れた無数の洞窟の一つからいくらかの情報を引き出しつつ、かれらのエネルギーをうまく誘導できると考えたのだろう。考古学局の戦略は、その当時は合理的に見えた。今日なら、この戦略を次のように解読できる。やらせておこう、そうすれば費用をかけずに二次的な価値を備えた情報がいくらか得られるだろうし……ひょっとしたら?

実際、この戦略が報われる可能性はあったし、問題のアルデシュ県の考古学愛好家ピエールは、いくらかの知識と熱意をもって最善を尽くした。彼は、自身のエネルギーが尽きるまで、洞穴の堆積物の奥深くへと降りていった。それは失われた時代の使命である。人は詩情を抱いて掘り進み、地中深くまで降りるのだ。古代の遺物は掘り出された土の量に比べて多くはなかったが、ピエールは資料を大切に保管した。白いポリスチレンをくり抜き、ここに石器、そこにウマの骨、あそこにはオオカミの下顎骨《かがくこつ》というように、見つけたものをはめ込む。掘り、ラベルを貼り、夢想し、時間を旅する。そして……一九八〇年代になり、考古学に関しては、愛好家の時代は終わりを告げる。にわかに、考古学のあらゆる場面で専門職の採用が義務づけられる。考古学局はついに現場を視察しようと決意し、ピエールが成し遂げた大仕事の重要性を認識する。ピエールの道のりは長かった。毎週末、サンドイッチを用意し、プジョー〔フランスの自動車メーカー〕の緑の古い自転車をこいで洞窟までやってきては、作業を進めたのだ。考古学局がピエールの友好的な微笑みの背後に見つけたのは、深さ六メートルの穴だ。降りていくと、広い穴に堆積物が見事な層をなしているのが見える。一層ごとに時間を遡るわけだ。六メートルの厚さにはさまざまな堆積時期が記録されており、巨大なミルフイユのように積み重なった堆積物の色や質感からも、それがはっきりと区別できる。厚さ六メートルのミルフイユ……。巨大な穴の縁に残された断面を分析した管理局は、洞穴に埋蔵されている石器や骨が、数十メートル上方に位置する大きなネロン洞窟から来たものではありえないことをすぐに理解する。ところが、ピエールは何年もの間、ネアンデルタール人の狩人たちの何代にもわたる暮らしが記録された元の地層を掘り返し続けていた。ピエールがやってくる前は、石器や骨は洞穴のなかで化石化され、ネアンデルタール人が洞穴を去った時点からそのままの場所に封印されていた。だが、それはいつのことなのか？　四万五〇〇〇年前？　それとも二〇万年前？　ピエールが集めた資料では、出土品の正確な出どころを知ることはできず、大きく開いた穴のどの層に由来するのかは、控えめにいっても不確かである。温帯の動物の骨は、極地の気候に適応した動物の骨とまざっている。白い発泡スチロール箱のなかに美しく並べられたこの骨とこの石器の間の距離は一〇センチだが、二つは一〇万年隔たっているかもしれない……。しかも、そこから実際の歴史を再構成できる手段は、もはや何もない。発掘は中止された。だが、被害はすでに出ていた。まざりあった一〇万年分の歴史を元通りにすることは難しい……。一〇年間、遺跡はそのままの状態で放置された。作業は凍結。まざりあった資料で厳密な研究はできない。シャルルマーニュの治世を理解しようとして、ケルトの剣、古代ローマの瓦、ルネサンスの彫像からなる資料を調べるようなものだ。まったく独創的な文明になるが、そもそも興味深い点はない……。一九九〇年代はじめ、若手の先史学研究者アルバン・ドフラーが、ピエールが掘り返した洞穴のすぐ上にあるネロン洞窟の土層をもう一度確かめようとした。だがこの洞窟では、一二〇年に及ぶ発掘によって、ネアンデルタール人の天然の大聖堂はひっくり返されていた。一八七〇年のド・リュバックとルピック伯爵による大規模な発掘作業以降、五世代以上のアマチュア考古学者たちが広大な洞穴に入り込んでいた。ネロン洞窟にまだ保存されている土層を見つけようという試みは、大変な努力と引き換えに、わずかな成果しかもたらさない。一二〇年にわたって先史学愛好家たちが何十回も掘り返しては放り出した、その同じ混乱した区画を、掘り返し、取り除き、放り出さなければならないのだ。近所の子どもや大人も、ネロンに来ては石器やライオンの下顎骨を漁った。確かにネロン洞窟の石器は美しい、それが大量にあるとなれば古代への思いも膨らむ。滞在中、若手研究者は下の洞窟「ムラ壕《ごう》」でちょっとした調査を行った。それは、ピエールが掘った末に放棄した、深さ六メートルの穴の底部に位置する。その壕を、ついでに一平方メートルほど掘ってみたのだ。するとどうだろう。ほんの数十センチ掘っただけで、すぐに三本の歯と頭蓋骨の破片七点を含む一三点の骨片が現れた。ネアンデルタール人の遺骨が一三点である。フランスでは一一年ぶりとなる見事な人類学上の発見だった。発掘は中断されたが、翌年、小規模な調査が行われる。その一九九三年、若き日の私はこの発掘チームにたまたま加わる。チームは、フランスでは久しぶりの大発見となるネアンデルタール人の遺物を掘り出している最中だった。そこでの話題はネアンデルタール人と広大な森……それに食人種だ。森のなかの食人種？　実は、このチームは『ネイチャー』誌に、「ネアンデルタール人のなかに食人種がいたのか？（Cannibals among Neanderthals ?）」と題する論文を発表したばかりだった。この遺跡で見つかったいくつかの人骨について報告する、半ページの短い論文である。骨は小さく折れ、数センチのかけらになっていたが、かれらの分析によって、骨は自然に折れたのではなく、そのネアンデルタール人の死後まもなく、骨がまだ新しいときに折られていたことが明らかになった。骨の表面を分析したところ、石器の刃先が残す典型的な細かい傷跡が判明する。通常、肉を剝がすための道具が骨の上を通るときにできる傷跡である。しかも、人骨はシカやヤギなど動物の骨とまざっている。それはネアンデルタール人の狩人が捕まえてきた動物の骨で、折れ方も同じなら、解体作業で残される跡も同じだった。チームにとって、この洞穴でかなり特殊な出来事が起こったことは明らかに思われた。人骨と合わせて見つかった動物の遺骸は、温暖な気候を示しているため、この出来事が起こったのは一〇万年以上前に違いない。これらの遺体は、最終氷期以前のかなり古い時代に切断され、折られたのだろう。しかし、骨を切断し、折った目的は？　チームは一九九三年の最初の研究からカニバリズムの問題を検討し、これらの痕跡が儀礼的行為や埋葬慣行にあたる可能性を排除した。なぜこのような結論にいたったのか？　論文の著者たちによれば、民族誌学的な食人儀礼を行う場合は骨を大切に扱い、折ることは決してないから、ということらしい。つまりこの発見に関する最初の発表では、このただ一つの根拠に基づいて、食料確保のためのカニバリズムが提唱されたのだ。著者たちの主張によると、骨の表面に認められる痕跡は、厳密に栄養摂取の目的で人肉を食べたことだけを意味している。ネアンデルタール人は、人体でもタンパク質が豊富な肉と骨髄を食べるために処理され、切断され、骨の髄まで食べられたらしい。

食欲とは無関係のカニバリズム

実際には、多くの社会で記録される食人の慣行は多種多様であり、骨の保存に関する共通の規則が民族誌学で確認されたことは一度もない。死体に含まれるタンパク質を目的とする食人とは一切関係がない場合でも、何らかの儀礼に関連して骨を折る行為の例は無数に存在する。たとえば、アラワク語を話すコロンビアとベネズエラの先住民、グアユペ族にとって、骨の粉末を摂取する行為は神々からの命令だった。この場合、骨を粉砕して摂取する行為は厳密に儀礼的なものであり、食物摂取とは無関係だ。この死に対する儀礼化された行為によって、死者を忘れようという思いと、逆に死者の思い出を留めておこうという思いの間を揺れる、繊細な喪《も》のあり方が可能になる。この儀礼的な慣行は近親者の遺体の扱いに適用されるもので、民族学者が「エンドカニバリズム（族内食人）」と呼ぶ行為に含まれる。逆に、「エクソカニバリズム（族外食人）」と呼ばれる広範な慣習の場合、摂取するのは近親者の体の一部ではなく、敵の体の一部である。食べるのが仲間の体であれ敵の体であれ、カニバリズムは常に高度に儀礼化され、共同体が用意する見事に芝居がかった舞台設定のもとで実行される。こうした共同体で重要なことは、生者の存続であり、死者による危険な支配との対決である。それは、人間社会の日常にさまざまな形で忍び込む死者を前にしての、集団の生存をかけた大がかりな戦いだ。クラストルは、南アメリカのこうした社会では、カニバリズムをはっきりと二つに分類できることを明らかにした。死者が一家の近親者であれば摂取するのは骨だが、死者が敵の場合、対象となるのは肉だけである。

エンドカニバリズムとエクソカニバリズムの区別は、場合によっては理論的なものにすぎない。南アメリカの諸集団は、死者を恐れ、警戒する。死者はもう社会の一員ではなく、敵の側に回ろうとしている。そのため、自分のうちに取り込む過程で、死者を徐々に拒否する構図が繰り広げられることもある。死者はもはや近親者ではなく、警戒すべき者、集団に属さない者とみなされるのだ。ここで、食人の二つの慣行はまじりあい、エンドカニバリズムとエクソカニバリズムの境界は曖昧になる。死者の肉を食べるべきは誰なのか？　最も近しい家族か？　それとも家系的に最も離れたメンバーか？　摂取するべきは肉か、それとも骨か？　儀礼の最後には、敵の戦士に対してするように、弓矢で頭蓋骨を割るべきか？　死者、近親者、父は、もはや一族や家系に属さず、危険な存在になる。ときには、骨ではなく肉を食べる対象となる捕虜と同じく、敵として扱わなければならない。エンドカニバリズムとエクソカニバリズムは世界各地の多くの社会で認められ、理論的にはかなり明確に区別されているが、実践の場面ではこの区別が曖昧に見えることもある。どちらの行為も常に儀礼として行われるが、身体（より広い意味では遺骸、遺物、死者の最後を見届けたもの）との関係において混同され、まじりあい、一方が他方に続いて行われる。

一九九三年以降、これらのネアンデルタール人の遺骨は、食人行為の印と理解されてきた。かれらは、儀礼ではない、純粋に食物摂取のためのカニバリズムに乗り出したとみなされたのだ。当時の論証は、人骨の意図的な粉砕が確認されたという事実のみに基づいていた。だが、人骨の粉砕はさまざまな形で世界各地の社会に広まっており、最古の時代の考古学的記録にも確認されている。その民族誌学的な事実の誤った解釈によって、複雑な広がりをもつこの現象は、社会文化的事実のごく限られた側面に限定されることになった。

六年の発掘を経て現れた食人の跡が残る遺体

さて、一九九三年にこの小さな洞穴の地面に降り立った私たちは、まず深さ六メートルの穴の底面積を広げなければならなかった。深い層に徐々に降りていけるよう、洞穴の地面は階段状に掘られていた。そのため穴は、頂点を下に向けて逆さになった階段状のピラミッド型になっており、一番深い場所にはわずかな平面しか残されていなかった。一〇万年以上前のネアンデルタール人の遺体が粉砕され切断された意味を理解するには、発掘面を広げ、古い時代の地層を広範囲にわたって調査する必要があった。ピエールがかつて掘った部分の縁と、食人種の古い地層の縁を揃えるには、六メートル上に位置する洞窟の上部から作業をやり直さなければならない。年に二カ月のペースで六年間かけて進められた発掘作業には、少人数のチームであたるしかなかった。吊り下げられた古い木の厚板に乗って、洞穴の縁の部分を掘るのだ。合計一二カ月の作業により、穴の底に約二〇平方メートルの十分な平面が確保された。この平面によって過去に通じる扉が開き、これらの人骨がもつ意味の解明に向けて取り組めるようになった。十分な道具があれば、この深さまで数時間で到達できただろうが、一二カ月の作業は必要かつ短縮できない時間を象徴していた。私たちは土を掘り出し、記録し、洞穴の一層一層に刻まれた考古学的・地質学的・古生物学的情報をすべて細かく抽出する必要があった。だから、数千年かけて徐々に埋まっていった洞穴の最上部に位置する、最も新しい層をスタート地点として、ゼロからやり直さなければならなかった。うんざりするような作業を通してこそ、時を経て洞窟に化石化された人間と気候の変遷の全体が理解できるようになる。一二カ月の長きにわたる作業を経て、私たちはようやく、われらが食人種が生きた地層「XV」の発掘に立ち向かえるようになった。この段階で、カリフォルニア大学バークレー校のアメリカ人研究者たちがチームに加わり、動物の骨にまじった人間の骨の微小なかけらさえ認識できる、優れた人類学者がプロジェクトに協力した。洞窟に一二カ月こもったおかげで、私はこの洞穴の隅から隅まで知り尽くし、チームの粘り強さも報われることになった。考古学的凶作ともいえるほとんど実りのない数年ののち、ピエールが掘った大穴の縁を、吊り下げられた板の上で揃える作業を続けた末、ようやく穴の底に十分な平面が確保できた。これで私たちの足は、はるか昔の食人種が踏みしめた地面から数センチの距離に迫った。ついに、ピエールの穴の内壁に沿った垂直方向の発掘から、出来事の正確な解釈を導ける水平方向の発掘に移行できたというわけだ。垂直から水平に移ることで、地質学から民族誌学へ移ったともいえる。これからの作業の目的は、ゆっくりと堆積物を取り除き、狩猟民ネアンデルタール人が一〇万年以上前に地面に残したものを露《あら》わにすることだった。発掘で見つかったものは断片的だったが、多くの場合、保存状態はよかった。動物の遺骸は、ネアンデルタール人が火を燃やしていた領域を示す灰の山の周りに捨てられ、折られ、切断された状態で見つかった。とうとう、人間の遺骸が出てきた。少しずつ、やがてはほとんど毎日のように、カリフォルニア・チームが「one day, one remain（一日に遺骸一点）」と言うほどのペースで出土した。実際、ネアンデルタール人の骨の資料は、一九九三年に発表された一三点から七八点へと一気に増えた。頭部から足の指まで、体の各部位の骨があった。骨は発掘面全体に分散し、食べられた動物の遺骸とまざった状態で、ときには炉のまわりでも見つかったが、燃やされた形跡のある骨は一つもなかった。一九九九年、私たちはこの七八点の遺骨を公表し、ネアンデルタール人による遺体の扱いについて、基本的な特徴を示した。分析の結果、七八点の小さな骨片は、はっきりと区別できる六人の個人に由来することが明らかになる。少なくとも子ども二人、若者二人、大人二人が確認できた。これは、骨の適合のみから判明した最低限の評価である。古代のたった一つの地層、しかもかなり小さい面積の発掘面から出土したものとして、六人は多い。それに、すべての年齢層が均等に分布している。ただし、調査では石器がほとんど出土せず、人間の遺骸のほうがよほど多く見つかった。発掘作業はこの事実に注目することになる。控えめにいっても特異な出来事がこの洞穴で起こっていた。私たちの調査により、最も広い意味でのカニバリズムが行われたと考えることはできたが、約一〇万年前の出来事を詳細に把握することはできなかった。

民族学者は、生者と死者の間で展開する複雑な光景を実際に目にすることができるが、考古学者が見つけるのは捨てられた遺物のみで、その解釈は往々にして困難だ。儀礼はどこへ？　生者の行為や行動は？　この頭蓋骨は、栄養摂取の目的で脳みそを食べようとして割られたのだろうか？　父の一部が私のうちで生き続け、私自身の血肉になるためか？　それとも、南アメリカの民族のように、死後も私たちに取り憑《つ》いて復讐しかねない敵の一部を自身のうちに取り込む目的で、共同体のメンバーによって割られ、粉砕されたのか？

愛、飢え、貪食

アルデシュ県のカニバリズムについては、新たな情報もないまま二〇年が過ぎた。二〇一九年、この考古学調査を担当した責任者は、とりわけ興味深く、衝撃的な内容の分析を発表した。ムラ墺のネアンデルタール人は、深刻な飢餓《きが》に見舞われて死者を食べたのだろう、というのだ。この飢餓は、かつての亜寒帯の生活環境を鬱蒼とした温帯林に急変させた、大幅な気候変動が原因らしい。ウマを狩っていたステップの民は、新たな環境によく適応できなかっただけのようだ。周囲を深い森に囲まれた今、かつて獲物だった大型草食動物はもう手に入らなくなった。ネアンデルタール人はこの食料危機に直面して死者を食べただけなのだろう、というわけだ。民族誌学と歴史学では、遺体の扱いは信じがたいほど複雑であることが認識されている。ところが、ほかの仮説をすべて排除し、明確な一連の行動を示す具体的なシナリオがこの説である。その著者は、遺跡の推定年代をおよそ紀元前一二〇千年紀、つまり気候変動の最初期と位置づけ、その年代を推論の根拠としている。研究では、温暖期になるとヨーロッパで遺跡の数が急減することが強調される。この時期の遺跡はヨーロッパでわずか五カ所、フランスではほかに一カ所だけしか見つかっていないという。基本的な論証は説得力があるように思われる。温暖期の遺跡数の少なさは、生活環境の変化に直面したネアンデルタール人が、従来の狩猟戦略を発展させられずに人口を激減させたことを意味する可能性はある。しかも、歯を顕微鏡で調べたところ、このネアンデルタール人たちが幼少期にたびたび飢餓を経験したことが示された。そのうえ、死体は狩の獲物とまったく同じような方法で処理されているように見える。それに、動物の遺骸は、骨を切断して砕いたのち、人間の遺骨とまぜて捨てられている。したがって、このカニバリズムはまったく儀礼的なものではなかった。エンドカニバリズムでも、エクソカニバリズムでもない。環境変化のまっただなかに置かれたかれらにとっては、生死がかかっていたのであり、自分自身が生き延びるためには、死んだ仲間の肉を食べるしかなかった。このときの気候温暖化の影響は甚大で、この集団が生き延びられるかどうかは、絶望にかられて手を出した最終手段にかかっていた。深い森にはご用心。お腹を空かせた食人種がさまよっている。

私はこの仮説に納得できなかったため、二〇二〇年、同じ学術誌『ジャーナル・オブ・アルケオロジカル・サイエンス』に論評を発表し、文字どおり何年もの年月を過ごしたこの遺跡をめぐる解釈の各要素を一点ずつ考察した。私たちの回答「森のなかに食人種？(Cannibals in the forest ?)」は、反対とは言わないまでも異なる観点を提示し、このような考古学的事実に直面した場合に結論を導く難しさを浮き彫りにした。私たちの分析は、まず、この温暖な時期のものとみなせる遺跡が、ヨーロッパ各地に（孤立した五カ所だけでなく）八〇カ所以上存在することを明らかにした。この差はとてつもなく大きく見えるかもしれないが、驚くことではない。この差自体が議論の対象になる。なぜかといえば、これほど古い遺跡の年代は、測定するのも容易でなければ測定の精度も確かではないからだ。そのため、八〇カ所以上という私たちのリストは、今後、数が減るかもしれないし、増えるかもしれない。このような変動は、科学における知識進化のプロセスとしては当然であるる。とはいえ、私たちの知識が進化しても、八〇カ所の考古学的遺跡のうち、大部分の年代がひっくり返る可能性は極めて低い。よって、遺跡の数はこの研究で提示されたものより必然的にかなり多くなる。また、私たちの論評では、このアルデシュ県の小さな洞窟で食人が行われた時期の評価が、遺跡年代の批判的分析プロセスを避けて通れないことも強調した。事実、ムラの地層XⅤの年代は、議論の余地がおおいにある。この地層について得られていたのは、いくつかの物理化学的な測定値のみだが、その分析の結果は細かい部分でかなり矛盾している。年代には二万年から三万年の幅があり、統計的な不確かさが大きい。だいたい一万年単位の精度が得られる測定値によれば、遺跡の年代は、九万年前から一二万年前の間に含まれるという不確かな結果となる……。では、統計的誤差の最大の範囲をとるべきか、それとも中央値をとるべきか？　いずれにしても、まっすぐに温暖期（一般に一二万三〇〇〇年前と一一万六〇〇〇年前の間）を示す測定結果はほぼない。そのため研究者たちは、ヘビ、両生類、げっ歯類などの小動物の分析から引き出せる気候上の情報に基づき、温暖な気候に適応した動物と、いかにも寒冷な気候に適した種が混在することを明らかにした。こうした動物の混在は、温暖期のごく初期で、直前の氷期にこの場所に生息していた種の一部がまだ生き延びていた時期を示すらしい。この説明は残念ながら受け入れられない。温暖な種と寒冷な種の混在は、厚さ六メートルにわたってこの洞穴のすべての地層に見られるからだ。つまり、八万年近い期間にわたり一貫して確認できる。遺跡の下方にはローヌ川が流れているが、この川の流域は、地中海沿岸地域と北方を結ぶ主要な回廊地帯である。そのため、寒冷地の動物種と温帯の動物種の組み合わせは、定期的かつ急速に変動する。温帯の種がこの自然の移動経路を伝って北上することもあれば、寒冷な大陸気候に適応した種が広い回廊を利用して南下することもたびたびあった。寒冷地の動物種と温帯の動物種の組み合わせは、年代の指標とするには頼りなく、食人種が暮らしていた時期を大規模な気候変動の初期に位置づける根拠にはならない。同じ土層で温帯と寒帯の動物が発見されたことは、ローヌ川流域の生活圏が、主に大陸性の環境を備えつつ地中海の影響も受けている証拠である。ゆえに、この論証は非常に脆く、おそらく放棄されてしかるべきものだった。これによって、食人の実際の年代をめぐる私たちの確信も揺らぐことになった。この地層は、本当に一二万年前のものなのか？　それとも一〇万年前？　あるいは八万年前だろうか？　旧石器時代ほど古い遺跡では、年代決定は極めて重大な問題となり、炭素14年代法の分析対象としては古すぎる時代に達した場合は、最大限の慎重を期さなければならない。この測定法なら、理論的には五万五〇〇〇年前の骨の年代を判定できるが、実際には、四万年以上前の標本を信頼性の高い方法で分析できる研究所はごくわずかである。ある地層を正確に一二万年前のものだと認定するには、一般に、炭素14年代法より精度が低いさまざまな手法の結果を組み合わせた、大規模な年代測定データが必要になる。異なる手法から得られる複数の測定値を用いれば、堅牢な統計モデルを構築することができ、それによって土層の年代を正しく判定することができる。ただ、こうした厳格な基準に対応できる遺跡は数少ないため、かなり主観的ではあるが、ヨーロッパでは一握りの遺跡だけが温暖期のものだとみなせるという考え方が出てくる。現実には、大陸全体で見ればこのような遺跡は比較的数が多いかもしれないが、温暖期に属すると認定するには、各国でも最高レベルの調査チームのノウハウを結集した大がかりな科学プログラムが欠かせない。そのせいで、この森の民は決まって私たちの手をすり抜けてしまう。とはいえ現在では、いくつかの大規模な考古学層序から、こうしたネアンデルタール人社会の現実の解明に取り組み、かれらがどう気候の大変動に適応したかを理解することが可能になっている。

この温暖期は、一万年から一万五〇〇〇年にわたって続いた。現在より三度近く温度が高く、過去四〇万年間で最も温暖だった時期である。ここでの温度とは、地球全体の気温や海水の温度である。私たちが暮らす緯度では、気候の変化がこれよりも大きかった地域もあり、季節によっては現在より一〇度から一五度高い気温が記録されている。大陸の中緯度地方にいたネアンデルタール人は、おそらく、徐々に広がる広大な原生林に適した戦略を発達させただろう。

だが、カニバリズムが気候変動の直接の帰結だったとしたら、この集団は一万年以上にわたってヨーロッパを覆うことになった森林地帯に適応できなかったと考えるべきなのだろうか？　中緯度地方では、この森林自体が、直前の氷期とは比べ物にならないほど豊かな生物多様性の宝庫ではなかったのか？　新たな動物資源は無視されたのか、それとも人々が単に旧来の狩猟伝統を進化させられなかったのか？

とはいえ、ライオン、ハイエナ、ヒョウ、オオカミ、クマ、クズリなど、この時期に確認されている多様な捕食者は、極めて豊かな生息環境が存在したことを示している。こうした捕食者は大量のタンパク源を必要とし、自身の生態に合った自然環境でしか数を増やせなかったからだ。

シナリオの全面的な見直しが必要だ。この食人種が生きたのが温暖期の初期であれ晩期であれ、遺跡の年代とは無関係に間氷期の森林がこれほど豊かだったのなら、そしてヨーロッパがかつてなく狩猟鳥獣に恵まれた環境にあったのなら、ユーラシア大陸のほぼすべての環境に定着できたネアンデルタール人が、生き延びるために死者の肉を食べるしかなかったなど、どうして納得できるだろう？

確かにどのような社会でも、集団の存続をかけた最終手段、食人を迫られる悲惨な出来事に遭遇しないとは言い切れない。だが、先の研究によれば、環境に適応できなかったという出来事は、一〇万年前にアルデシュ県の小さな洞窟で起こった不吉な事件に限定されない。なぜならその研究は、仮説の根拠を、ユーラシア大陸全域で人口が激減したことに置いているからだ。ネアンデルタール人社会は豊かな森林環境に適応できなかったために人口を減らしたというわけだ。

森に住む食人種というこの奇妙な説は、まったく辻褄が合わないように思われる。

数千年来の知識と戦略

人間社会の歴史には飢饉《ききん》が定期的に記録されており、ネアンデルタール人の歯の成長線に確認できる飢餓の印がそれを証明している。ただそのような記録は、先史時代の人々であれ現代のイヌイットであれ、多数の狩猟採集民社会の歯を分析したおかげで、以前からすでによく知られているものだ。イヌイットは現在、最も北極に近い地域に住む民族である。かれらが発達させてきた技術は、過酷な環境にも効果的に対応でき、かつ地球上でほかの集団が利用しない食料源の継続的な確保を可能にする。極北では、戦略上のミスは選択肢としてありえず、万一そんなミスがあれば共同体全体が危機に陥りかねない。それでも、イヌイットが何らかの形で、たとえ例外的にでも、カニバリズムを行ったなどという話は知られていない。

伝統的な狩猟採集民は、一般に広い領域を拠点とし、季節ごとに大きく異なる天然資源を計画的かつ巧みに管理する。集団の活動は、数シーズン先まで細かく計画される。ときには数年先の活動を見越して計画を立てることもある。このような伝統的な組織、放浪生活のリズムは、移動の時期や習性といった動物行動に対する正確な知識を踏まえた古来の知恵に基づく。知識は、数千年来とはいわないまでも数百年来、伝承によって受け継がれている。こうした伝承は、自分たちの土地を知り尽くすことによって、世代を経るごとに豊かになる。集団の組織、存続、均衡の基盤は、経験と分析に基づく古来の知恵だ。それは、世界に対する全面的な実験という点で、すでに科学的な知恵である。たとえばイヌイットの一部の集団では、一年は六つか七つの季節に分割される。集団によって分け方は異なるが、初秋、秋、初冬、冬、晩冬、初春、春、夏（！）などを区別するのだ。多くの区分によって、自然環境をきめ細かく管理できる。晩冬は、ときとして危険な季節になる。寒さが長引き、初春の野禽の到来が遅れれば、悲惨な結果を招きかねないからだ。こうした局面では、気候が少し変化するだけでも共同体が危険にさらされかねないが、かれらはこのような時期をしっかり見極めている。たとえその変化が例外的なものだったとしても、影響は長引くため、集団が受け継ぐ記憶には先祖の体験が刻み込まれている。こうして気候の変化は記憶に留まるが、集団がその記憶をもとに取り入れる戦略は、外部からは非生産的、ひいては非合理的と捉えられる場合がある。春分のお祭りには大勢が集まり、橇《そり》を使ったレースや球技、綱引きなど大掛かりな競技を開催して冬に別れを告げる。こうした冬の終わりの集会は、冬の間は孤立していた集団が新たに集合できるようになった時期を知らせるだけではない。冬の過剰な蓄えを大宴会によって処分する機会にもなり、通常は不要な備蓄食料を皆で消費する。大々的なお祭りが、野禽と食べ物が豊富な季節の再来を告げることは確かだが、大宴会の目的は、心地よい季節の再来を皆で祝うことではない。何よりも、集団のまとまりを復活させ、異常気象に見舞われたときにしか役に立たない食料の蓄えを処分するための戦略の一環なのだ。忘れた頃にやってくる危機に備えるため、また万一の場合はその危機を切り抜けるために、保存のきく食料（乾物、凍結させた食品、発酵食品など）の管理戦略が用意されているが、そのような食料は一般に、冬が長引いた場合にしか使われない。

もし春が来なかったら、もし蓄えを消費したあとも冬が終わらなかったら、イヌイットは隣の共同体に助けを求める。互いの冬ごもりの場所は完璧に把握しているのだ。この場合、共同体が存続できるのは、社会的つながりのおかげである。春祭りは、タンパク源の管理と集団の社会的まとまりを演出し、極北の民の存続を保証する二本の柱にスポットライトを当てる。分かち合いと助け合いは、過酷な環境に置かれた人間社会全体に共通する基盤である。砂漠には、相手が見知らぬ人であっても、自分たちの水を分かち合わない社会はない。北極圏には、最後の資源を病気や食料難に直面する近隣の集団と分かち合わない社会はない。

集団の食料調達体制を整えるのは自然環境に対する深い知識だとしても、集団の継続的な存続を保証するのは友情と協力のネットワークである。このネットワークが、個人と集団の生存を保証する安定した土台となる。人類が地球上のあらゆる環境へ入植できたのも、これと同じ助け合いのネットワークがあったからである。したがって、人間集団のレジリエンスは、入植先の環境が課す限界と制約の大部分からその社会を解放する、目に見えない広範なネットワークに支えられている。

集団存続の最終手段として食人を迫るようなどうにもならない飢饉は、狩猟採集民の集団では基本的に知られていない。

逃げて！　逃げて！　あれは人間じゃない！

しかし、食料確保のためのカニバリズムは確かに存在する。それは人類の歴史に広く記録されている。だが、そのようなカニバリズムは、いったいどのような状況下で起こるのだろうか?

人間が絶望の淵に追いやられる状況を分析すると、カニバリズムに頼るしかない危機の大部分に共通する一点が見分けられる。こうした危機の影響を受けるのは、未知の土地に乗り出す移動中の集団だけだといってよい。未来の食人種は、足を踏み入れた土地に実際にどのような資源があるのかを把握しておらず、先住集団と助け合いのネットワークをまったく築いていないからだ。

一八四五年、英国のエレバス号とテラー号の船長ジョン・フランクリンは、「北西航路」を確認する北極圏遠征に出発した。遠征の目的は、カナダの極北とグリーンランドを隔てる島や半島の間を縫って、アメリカ大陸を北側から迂回する道を開くことだ。その年の氷はさほど厚くないように見えるし、イギリス人は極地探検の困難を克服できているように思われる。そのうえ、フランクリンは北極海を知り尽くしているという話だ。船には、二隻の大型船二隻の乗組員一二九人の食事を三、四年にわたって賄《まかな》えるだけの大量の食料が積み込まれていた。フランクリンは、船が航行に適さない季節に氷に閉じ込められた場合に備え、何度かの越冬を見越していたのだ。ところが、続く数年の夏も氷は解けない。

一八四八年春、一行はついに食料を積んだ船を捨てる決心をする。それは晩春のことで、まもなく快適な季節が到来するだろうと思われたのだ。一行は、温かな季節のうちに、ハドソン湾の最寄りの商館まで一六〇〇キロを徒歩で踏破することに決める。かれらは、ブラック川には必要を満たせるだけの十分な魚がいるだろうと見込み、この川に沿って進む。結局、生き残れた者はいなかった。

一八五四年になって、あるカナダ人の地図作成者が、極北に食人種がいたというイヌイットからの情報をもたらす。この出来事は、イヌイットの複数の集団に強い衝撃を与えていた。かれらは、人間とも思えない、人肉を食べる白い悪魔がいたと証言したのだ。

遠征隊のうち一〇人ほどは、イヌイットが住居を設営するキング・ウィリアム島の南西端に到達していた。イヌイットにとって、乗組員との遭遇はあまりにも衝撃的だったため、その光景は一五〇年経っても子孫の記憶にはっきりと残っている。一九九九年になっても、次のような証言がドロシー・ハーリー・エバー〔イヌイットの口述を書き起こして出版したカナダ人作家〕によって記録されている。恐ろしい人影に最初に気づいたのは一人の女性だった。相手はよろめき、目は虚ろで肌は青白く、話すこともできない。彼女は野営地まで息を切らせて走ると叫んだ。「逃げて！　逃げて！　あれは人間じゃない」

この船の残骸は、一七〇年前からときおり見つかっており、乗組員の遺体も、今日でもなお、極地探検のなりゆき次第で発見されることがある。骨を分析すると、肉を剝がした跡や骨髄を食べるために骨を折った形跡、スープを作るために鍋のなかで骨をかき回したときにできる研磨された表面が明らかになる。エネルギー源になる分は、一カロリーでも無駄にすることなく回収されていた。実は、ブラック川にはほとんど魚がいなかった。イヌイット自身はこの地域をよく知っていたが、食料があまり手に入らないため慎重に避けていた。

これは、英国の大型船二隻の乗組員全員を巻き込んだ、食料確保のための大規模なカニバリズムの実例である。裏づけは、イヌイットの口承伝統と遺骨の分析によって得られる。こうして、食料確保のためのカニバリズムが人間の大集団を巻き込み、一〇〇人以上が生死の瀬戸際で共食いにいたる場合があることを、不気味ながら証明できる。絶望の淵でこのような行為に手を染めるのは、未知の土地で足止めされ、食料資源が集団の必要を満たせないか、単に食べ物を見つけられない過酷な環境に閉じ込められた人々である。だが、食料確保のカニバリズムを引き起こすのは、何よりも自分と同じ社会に属する人が周りに誰もいない孤立状態だ。誰も一行を助けに来られず、かれらの文化的・道徳的価値観は厳しい現実に直面して吹き飛ぶ。エレバス号とテラー号の乗組員は、最終的にはほかの人間集団のもとにたどり着けたが、かれらに遭遇したイヌイットは、その非人間的で獣じみた見かけに恐れをなす。人間とは思えない、人肉を食べる怪物との接触を避けるために、海路で逃げてしまう。イヌイットが目にしたのは、古来の最も不吉な神話から抜け出した危険な生き物であり、そこにはもはや人間の姿は認められない。このやせ細った生き物を前にしたら、逃げるのみだ。

一般に食料確保のカニバリズムに陥るのは、自身が属する社会的集団から隔てられ、例外的な状況に置かれ、食料源がまったくない環境に直面した人々だけである。またこのエピソードからは、私たちの社会では、カニバリズムが想像の域を超えた人間行動を体現することも明らかになる。とくに冒険や発見、進歩の精神と関連がある場合はなおさらである。初期の火星探査で宇宙船が座礁し、乗組員が共食いをするようなものだ。私たち欧米人の想像のなかでは、火星探査という高貴な活動と、人間であることの偽りようのない限界とは、本能的に相容れないものであろう。

ネアンデルタール人の儀礼？

私が知るかぎり、個人や集団が生き残るためのカニバリズムという特異な事例が、従来の土地の慣れ親しんだ環境で暮らす狩猟採集民の日常ではっきりと証明されたことは一度もない。

中緯度地方では、気候変動がいくら急激であっても、人間の一生というスパンで生活環境の根本的な構造が変わることはない。ステップでウマを狩って暮らしていたネアンデルタール人は、存命中に多くのシカが生息する広大な温帯林に放り込まれることはなかった。ムラのネアンデルタール人は、遺骨と一緒に燧石《すいせき》の石器を残した。この燧石からは、かれらがローヌ川の両岸数十キロの距離に広がるかなり広範囲の土地を知り尽くし、その土地で得られる岩石を利用していたことがわかる。珪質岩《けいしつ》に対する詳細な知識を踏まえれば、この集団は先祖代々この土地に暮らし、長年にわたって地元の資源を使いこなしていただろうと考えられる。未知の土地を移動中で、現地の資源を把握していない孤立した集団とはまったく違った。では、アルデシュ県の小さな洞窟では何が起こったのだろう？ムラの食人種は、本当に人食いだっただけなのか？　自分たちで切断した死体の肉を食べたにすぎないのか？

かれらが肉を剝がしていたという点に議論の余地はない。筋肉だけでなく、皮膚、頭皮、脳、骨髄、舌まで、有機物の部分すべてが骨から引き剝がされている。だが、これらの肉は本当に少しでもかれらの口に入ったのだろうか？　そうだとすれば、この集団にとって食人行為はどのような意味をもっていたのか？

ここで、遺体の扱いをめぐる極めて豊かな伝統が思い出される。エンドカニバリズムとエクソカニバリズムはときとして重なるが、それは、人体を摂取することがとるに足らない行為ではなく、必ず強力な象徴性を備えるからである。それは、生者が死の瀬戸際で最後の舞踊を演じる場なのだ。ある意味、ネアンデルタール人社会における中世の〝死の舞踏〟の原型である。私たちはここで、あらゆる人間社会を特徴づける儀礼化と非合理的な行動の領域を感じ取ることになる。

そして……人間の骨そのものが、おそらくかなり異なる物語を語っていたようだ。確かに、このネアンデルタール人の遺骨には、明らかに肉を剝がした痕跡が数多く残されている。多すぎるくらいだ。細かく見ると、人骨の半数に肉を剝がした痕跡が認められる。同じ地層で人骨とまざって見つかった動物の骨に比べると、かなり多い。野禽の骨には処理の痕跡がずっと少なく、石器で切断した形跡がある骨片は四分の一にすぎない。さらに驚くのは、栄養がほとんどない部位の人骨の表面にも処理の痕跡が認められることだ。中手骨《ちゅうしゅこつ》と中足骨《ちゅうそくこつ》、指節骨《しせつ》、鎖骨、下顎骨に記録された痕跡は、タンパク質の利用とは解釈しにくい。また、動物の骨とは異なり、燃やされた人骨は一つもない。遺骸を包括的に比較分析しただけでも、人とシカの扱いは同じではなかったことが窺える。まるでこれらの肉を切断する行為が、まったく別個の出来事を物語っているかのようだ。シカやアイベックス

（野生ヤギ）を切断する行為は、ネアンデルタール人が動物性タンパク質をどう利用したかを語っている。だが、この六人の遺体に残る痕跡は、それとはまた別の物語を伝えているようでもある。歴史上の出来事の文脈を詳しく探るにつれ、それが食料確保のためのカニバリズムだという明確な証拠は遠ざかっていくようだ。

クロアチアのクラピナ洞窟は、残念ながら一〇〇年以上前とあまりに早い時期に発掘された遺跡だが、ここではネアンデルタール人の遺骸が多数発見されている。ネアンデルタール人のカニバリズムという、当時大きな議論を呼んだ仮説が初めて提示された舞台はこの遺跡である。確かに、クラピナ遺跡の考古学的データは利用するのが難しい。資料の大部分はまざってしまっている。ピエールが趣味で掘ったムラ壕の大穴と同じだ。クラピナでは数箱分のネアンデルタール人の遺骸が発見されたが、詳しい出土状況は不明である。それはネアンデルタール人数十人分の遺骸に相当するのだろう。二七体という数字を持ち出す者もいれば、八〇体だと主張する者もいる。いずれにしても、ネアンデルタール人の資料群としては最大であり、肉を剝がされたアルデシュ県の遺骸と同時代の可能性がある。遺骨の一つにネアンデルタール人の顔の断片があり、石器でつけられた意外な跡が残っている。約二〇本の平行線は、ここでも肉の回収という観点からは説明しにくい。クラピナとムラのネアンデルタール人は、死者の遺骸との特異な関係を表現したのだろうか？　私たちは本当に、ネアンデルタール人の儀礼に接しているのだろうか？

ネアンデルタール人の儀礼、象徴、精神の領域に向けた行為は、決まって見過ごされているようだ。かれらも本当に死者を埋葬していたのだろうか？　この問いは、今後も提起されることはないかもしれない。ネアンデルタール人の遺骸は非常に少ないため、墓所の存在をめぐる問いすら、科学界を主観的ながら頑固に対立する陣営に二分している。

かれらは儀礼として死者の肉を剥がしていたのか？　またもや、ネアンデルタール人は私たちの分析の手をすり抜けるようだ。単純な答えも、明らかな答えもない。各自が良心に従って……それぞれの見解を導き、自分なりの結論を引き出す。

それでも、各国の科学者たちは精力的に研究を進めており、ネアンデルタール人に関する私たちの知識は急速に進化している。二〇二一年四月、スペイン人のチームが、人骨の化石のなかではなく、洞窟の地面にネアンデルタール人の核DNAが保存されていることを初めて明らかにした。スペイン北部、ブルゴス近郊のガレリア・デ・ラス・エスタトゥアス遺跡の地面の遺伝子解析から、エーム間氷期（一三万年前〜一一万五千年前）後に起こったネアンデルタール人集団の驚くべき収斂《しゅうれん》が示された。分析によると、一三万年前の温暖期には、ネアンデルタール人集団の遺伝的多様性がはっきりと現れている。ところがその数万年後の一〇万年前頃になると、洞窟の地面には単一のネアンデルタール人集団の記録しかなくなる。寒冷な気候の再来とともに人類は激減し、かつて気候が温暖だった時代にははるかに多様な集団を抱えていた土地にも、いまや一つの集団が残るだけになってしまったかのようだ。これらの遺伝子データをもとに描かれる図式は、温暖化で人口が激減したというものではなく、まさにその逆である。気温上昇とともに生物多様性が花開いた動物のように、中緯度地方では、温暖な気候が人類の拡散と多様性の拡大と人口の増加に好都合だったのであり、寒冷な気候の再来こそが多様性の崩壊につながった。崩壊したのは、動物と人間を含めたすべての生物の多様性である。大昔は人類にも複数の種がいたからだ。この分析で得られる図式と結論は、気候温暖化がネアンデルタール人の人口に破滅的な影響を及ぼしたという説とは対立する。人類の多様性という概念には、当然ながら、文化的多様性だけでなく、まだほとんど何もわかっていないはるか昔の社会的多様性という概念も含まれる。これほど古い時代の遺跡は数が非常に少なく、年代も不確かだ。記録されているのは小さなエピソードだけで、時間的にもつながらない。ある遺跡では、考古学の窓から一三万年前に起こったことを眺めることができる。別の洞窟では、一〇万年前に存在した社会についていくらかの情報が得られる。また別の場所では、八万年前の集団についてのデータが得られる……という具合だ。寒冷な気候が温暖化したのち、再び新たな氷期に突入していくこの重要な時期について、人間社会の組織と環境の変化とを詳細に記録している遺跡はほとんどない。こうして、アルデシュ県の食人種は文脈から切り離され、この地域における環境と社会の変化に正確に関連づけることはもはやかなわない。そしてこのような背景を把握することなく、遺体の肉を剝がす行為が儀礼なのか、絶望の淵でとった最終手段なのかを理解するなど、土台無理な話である。

このネアンデルタール人たちは、何らかの形でカニバリズムを実践したのか、それとも遺体を儀礼的に処理したのか？

そもそも、ネアンデルタール人の儀礼行為の痕跡を少しでも資料で裏づけることは、まして検討することは、可能なのだろうか？

第四章　儀礼と象徴？
──疑問を検証する

ネアンデルタール人の本質をめぐる問いは、おそらく人間の本質に対する私たちの一般的な理解に帰着するにすぎない。人間の本質とは何かという問いは、正確な定義を得られないまま大昔から私たちにつきまとい、あらゆる社会を深く悩ませてきた。そして、哲学から精神医学まで、欧米の思想全般においてますます大きな存在感を放っている。プラトンは人間を羽根のない二足動物と定義したが、犬儒《けんじゅ》学派〔皮肉派ともいう〕のディオゲネスはすぐに羽根をむしった雄鶏《おんどり》をもってきて、「これがプラトンのいう人間だ」と、そのばかばかしさを露呈させた。それでもプラトンは理性を取り戻さず、今度は羽根と鉤爪のない二足動物が人間だと定義した。この哀れなニワトリに無限に属性を付け加えたり、それを取り除いたりすることはできる。だが、いつまでたっても人間の明快なイメージは得られず、行き着く結論は、「人間はただ単に人間である」となるだろう。ほかにも、人間は自己家畜化した霊長類にほかならない、と付け加える批判的な人がいるかもしれないが、それも人間の本質を、その人間化を可能にしたプロセスに帰着させるだけである。

ヒト上科の死。先入観を手放す

おそらく、ネアンデルタール人をどう捉えるかという問いは、何千年も決着がつかないこのような思考を要約したものか、下手な風刺でしかない。この思考に決着がつかないのは、人間など存在しないからなのだろうか？　ここで言いたいのは、私たちが頭のなかで構築した脆いイメージを別にすると、特別な存在としての人間は存在しないということだ。よく考えてみると、人間はこれまでに、動物界から区別されたことがあっただろうか？　動物のそれぞれの種は、ほかの種と似ていると同時に異なってもいる。人間もまた、生物種の間に見られる類似と相違の一般的な範囲に収まるのか？　動物行動学の知識が深まるにつれ、道具も思考も、笑いも共感も、愛も社会的構造も、人間をほかの生物から根本的には区別しないことがはっきりしてきた。これまで人間に固有だとされてきたこれらすべての領域では、動物行動の研究から、人間とほかの生物が深い部分でつながっていることが明らかになった。現在では、人間は動物界で根本的に区別されるどころか、多くの動物種の一つとして捉えられるようになっている。よって、もはや厳密な区別や明快で確固たる境界線などはなく、あるのは人間らしさの定義全体における実際の程度である。このような考え方は、生物を狭い視点で捉えることに固執しなければ、何らショッキングではない。哲学者にして人類学者のリュシアン・スキュブラは、見事な思考によって人間らしさの概念に異なる角度から光を当てる。「付け加えると、認知主義者が、異なる文化をもつ人間は異なる認知世界に生きているという考え方を拒否するのはもっともだが、かれらが異なる種は異なる認知世界に生きているらしいという考えを認めたのは、少々早計ではないだろうか。ここでも、かの〔先史学者で社会文化人類学者である〕ルロワ＝グーランは、同じ種類の美的現象〔鳥の羽とさえずり、人間の装身具と音楽のリズムなど〕によって、種の同一性だけでなく民族の同一性も実現できることを示しており、生物の世界の一体性と人間の世界に見られる文化的多様性の両方がよく説明されているように思える」

この考え方が注目されるのは、それが予想外だからである。ここでは、人間社会の文化的表現が、ほかのすべての生物の沸き立つような表現の一つとして位置づけ直されている。そういえば、すべての人間社会は目の前で展開される動物の行動をあらゆる角度から模倣しているが、私たちはそのことに深い疑問も抱かない。

ネアンデルタール人は、私たちが生き物と対比して理解する意味での人間なのかという問いは、スキュブラの思考に大きく影響を受けている。

すでに触れたように、「科学的思考」の二大潮流は、ネアンデルタール人を私たちとは根本的に異なるヒトとみなすか、サピエンスの本質を成すとされるすべての要素をいきなりかれらに投影するかで対立している。ここで「科学的思考」とわざわざ鉤括弧に入れて書いたのは、まず、科学的なのは思考ではなく、世界を分析するために使用される道具やアプローチのほうだからである。そして、この道具は科学的だが、次の段階で思考を発展させ、正当化するためにしか用いられない。思考そのものが科学的であることは決してない。思考は自由だが、往々にしてその思考自体に縛られている。

では、スキュブラの思考は、私たちのネアンデルタール人理解にどのような点で影響を与えるだろうか？　おそらく、先史学者がネアンデルタール人と私たちサピエンスの行動をどう区別したり、同一視したりするか、という点である。そしてその際の基準は、私たちの念頭にある人間の本質を診断するにあたって手がかりになるとみなされる、数少ない指標だ。羽の有無で人間と動物を区別した時代もあったが、今日《こんにち》の考古学では、象徴的思考の出現を基準として本性《ほんせい》と文化を区別する。

では、象徴的思考とは何か？

この概念の核心は、次のように簡単に要約することができる。たとえば、帽子が対象であれば、頭部を覆うことが帽子の機能だ。だが、着用者との関係をめぐる機能もある。頭部を覆う目的は、日差しを遮るだけではなく、意識的か無意識的かを問わず、所有者の価値観を伝え、同じ集団内での地位を示すなど、諸々のメッセージを送るためでもあるからだ。ここでいう集団とは、民族でも部族でも国でもない。何かで頭部を覆うという行為がもつ機能を直感的に理解できるすべての人を含む、広範な集団だ。説明するまでもなく、英国女王の王冠とシャーロック・ホームズの鹿撃ち帽の違いを一目で理解できるすべての人である。ここで示される意味の違いを直感的かつ即座に理解できることは、その対象を目にした個人が、強力な暗黙のルールがあるために言葉にする必要がない想像世界に引き込まれることを意味する。社会学者や哲学者は、かなり以前からこうした記号の機能を認識し、分析してきた。そして象徴的思考は、人間と人間以下とを区別するうえで主要な指標の一つになった。「人間以下」と言ったのは、意識の有無にかかわらず、大半の研究が人間を生物進化のプロセスの頂点に位置づけ、事実上、人間以外の生物はすべて進化の観点から見て劣っていると結論づけるからだ。ネアンデルタール人は人間以下なのかという問いに対し、一般の考古学者は、例の象徴的思考の有無を診断する、レシピのようなチェックリストを使って答える。一方、化石化した遺物だけで大昔の祖先を理解するしかない私たちのような考古学者にとって、象徴的思考を示唆するものは、まずもって芸術、装身具、墓、儀礼に見いだせるだろう……。

要するに、リュシアン・スキュブラは、人間を生物一般の領域に再統合する視野を提供する。広く寛大な視野だが、このような視野のもとでは、歌、儀礼、舞踊、装身具、儀式といった人間の象徴的思考を解読するための主要な手段は、動物界で最も広く見られる共通の要素とみなされるようにもなる。

ネアンデルタール人の墓の問題は、かれらが私たちの同類にすぎないのかどうかを見極めるうえで非常に重視される問いだが、まさにこの広い視野の影響を受けている。

別の例を挙げよう。ネアンデルタール人の墓の存在をめぐる研究領域は、根本的に対立の原因をはらむ。墓が存在するのであれば、多くの研究者は、ネアンデルタール人を私たちの同類と認めざるをえなくなるからだ。確かにそうだが、それはなぜなのか？

埋葬は、集団が一人一人の個性を認識することに通じるからだ。これは生者が一人一人の喪失を、取り返しがつかないものとして意識するという意味である。そのため墓は、人間の個人と個人の関係に関する構成要素を読み解くための一手段として捉えられる。墓の有無によって、私たちはネアンデルタール人が一人一人をかけがえのない存在とみなしていたかどうかを認識し、かれらの間にあった共感や敬意や思いやりに対する自らの視線を修正することができる。自己認識と他者認識。墓は、自分に得るものがあろうとなかろうと、つまりどんな犠牲を払っても、近親者や愛する者を守りたいという自分の思いを示唆するものだ。これは集団における「私は~である」と「きみは~である」の認識の現れである。考古学には、この自己と他者の意識を読み解くための手段がほかにもある。たとえば歯のない老人の遺骸や、集団が自分の必要を満たしてくれなければ生存できない障害者の遺骸の発見などだ。

ネアンデルタール人の墓の考古学的実態については、相変わらず世界の科学界で盛んに議論されている。だが私個人は、ネアンデルタール人が実際に死者を埋葬し、かれらの社会で数千年かけて発展したさまざまな伝統に従って遺体を保存していたという点に、まったく疑いを抱いていない。この集団が、子どもや老人、障害者などの弱者を大切にしていた点についても同じだ。しかし、この論理はさらに徹底して突き詰める必要がある。弱者との関係や死者との関係は、本当にネアンデルタール人の奥深い精神構造を裏づけるのだろうか?　弱者や死者に対するこれらの行為は、本当に人間に固有の特別な何かを表しているのか？　その特別な何かによって、私たちはネアンデルタール人が、私たちと同じものの見方や生き方にすっかり溶け込めると理解してよいのか？

ヒト上科やゾウなど、多くの動物が失われた存在に対する共感と苦悩を共有し、表現することは、民族学者によって実証されている。たとえば、亡き主人の墓で眠るイヌがその例だ。

二〇一〇年、権威ある『カレント・バイオロジー』誌に掲載されたジェームズ・R・アンダーソンの論文には、動物園で暮らしていた五〇歳過ぎの雌のチンパンジー、パンジーの死が描写されている。死が近づくと、パンジーの呼吸は荒くなった。最後の一〇分間、ほかのチンパンジーたちが近寄ってパンジーをいたわり、一一回もその体を撫でた。このヒト科の集団では、通常見られない行動である。パンジーが死ぬと、チンパンジーたちは口の周辺を調べたり手足を動かしたりして生死を確かめようとした。検査ののち、大人の雄のチンパンジーがパンジーの遺体に攻撃を加えた。研究者たちはこの行動を、相手の目を覚まそうとする試み、あるいは死者に対する怒りや欲求不満の表現と解釈した。その後、チンパンジーたちは遺体を放っておいたが、娘のロージー（二〇歳）だけは一晩中、母親の遺体のそばから離れず、ときおり遺体からシラミをとっていた。それまで、ロージーがこの場所で夜を過ごしたことは一度もなかった。翌日、遺体は飼育係によって運び去られたが、数日の間、チンパンジーたちはパンジーが死んだ場所へは近寄ろうとしなかった。心を揺さぶられるこの出来事は、すべて撮影され、詳細に記録された。このヒト科集団の反応には、死を間近にした雌に対する特別な気配り、生きている印を見つけるための細かい身体検査、雄による蘇生の試みまたは怒りの表現、遺体の洗浄、死んだ本人の娘による文字どおりの通夜、そしてある個体が死んだ場所を回避する行動が含まれる。この研究は、チンパンジーが生と死の意識をもつことを極めて意外な形で示した。自己と他者の意識だけでなく、子から親への共感と愛情もだ。

こうした行動と感情は、完全に人間的なものだと考えられてきたが、実は人間と動物を区別するものではまったくなく、私たちを必然的にチンパンジーとヒトとが共有する遠い祖先に結びつける。この事実は受け入れなければならない。実際、最も人間的だと考えられているこれらの行動は、チンパンジーとヒトがまだ分かれていなかった一三〇〇万年以上前に、共通祖先であるヒト上科の動物から受け継いだ遺産なのだ。したがって、ヒトでもサルでもないが、同時に将来のヒトでもありサルでもあるこの偉大な祖先は、自己認識と他者認識、生と死の認識、子から親への愛情や共感をすでにもっていたわけだ。つまり、ここで記録された要素は、人間固有ではない感情と行動の結びつきを示している。そもそも、程度の差はあれ、大部分の哺乳類でさまざまな形の利他心と共感が広く観察されている。ネズミやオオカミなど多くの種が、自己と他者についての共通の理解を反映する利他心と共感を示すのだ。このような生き方の起源は、ヒトだけでなく、多くの種の共通祖先に求めなければならない。ヒトとオオカミに共通した世界の理解に通じる特徴を考えると、他者認識はすでに一億年以上前に、両者に共通の祖先のうちに存在していたはずである……。

ネアンデルタール人が生者か死者かを問わず仲間を大切にしていただろうという論証に驚き、感嘆するだなんて、現代の素晴らしきサピエンスはなんとおばかさんなのだろう……。

はっきりさせておこう。私はここで、人間と動物の区別は一切ないなどと言っているわけではない。私たちとネアンデルタール人に違いはないとも言っていない。ネアンデルタール人の本質をめぐる問いが、墓の存在や集団内の弱者への気遣いを証明することを出発点として提起されるなら、その提起の仕方は根本的に間違っていて、過去の人類の構造を理解するにはまるで役立たないだろうと言っているのだ。

つまり、ネアンデルタール人が死者に見せる気遣いは、ヒト亜科全体に共通する動物行動学に基づくのであって、私たちの人間性を特徴づける意識的・無意識的な概念にネアンデルタール人を結びつけるものではない。こうした明白な事実からは、考古学的事実が過小評価されているわけでも過大評価されているわけでもなく、むしろたいていは理解されていないということがわかる。先史時代の思考は未知の領域なのだ。それでも視点を変え、問いの立て方を変えれば、無数のデータが理解の助けになる可能性はある。

葛藤だ。

考古学では多くの場合、提示された事実のほうが、その事実に対する解釈よりも興味深い。だが、対象となる社会の過去の民族誌に蓄積された経験的現実に、十分な解釈の枠組みが伴わない場合、私たちには何が残るのか?

仮にこの社会学的現実が、白か黒か、厳密に象徴的か厳密に実用的かという両極端ではなく、人間活動の単純な分類を拒むような多くの微妙な現実を表しているのだとしたら、人間の象徴性のありそうにない起源をめぐるこの議論は、純粋に表面的なものとみなされなければならないだろう。

この議論全体が行き着く結論は、象徴性（先ほどこの概念の脆さを露呈させたところだ）は、はるか遠い過去に、純然たる実用性を越えた行為が存在したことを考古学的に示すにすぎない、ということだ。

だが、そもそもあらゆる物質的生産は、すでにそのような一線を越えたことを示唆しているのではないか？　ただ、このように敷居をまたぐことは、避けて通れないように思われる。そうでなければ、打製石器の加工技術から航空宇宙技術にいたるすべての技術を、単なる盲目的な模倣、つまり一種の反射的な行為の結果とみなすことになってしまう。そしてその場合、そのような行為の学習から私たちが得られる情報は、知的な意味を欠いた機能的知識が継承されていたということだけだ。誰が本気でそんなことを信じられるだろう？

となると、象徴的思考の起源に関する答えは、問いそのものにすでに潜んでいるのかもしれない。

確かに。だが結局、ネアンデルタール人はどのような人類だったのか？　どう解釈すれば、かれらの過去の現実を理解できるようになるのか？　ネアンデルタール人の思考を説明した簡単な手引書は存在しないが、私たちに訴えかけてくる事実は存在する。そのような事実は、考古学的資料を再検討するきっかけになるに違いない。

自己認識と他者認識も、共感も、死の捉え方も、生者への気遣いも、どれも私たち人間とそのいとこにあたる多くの動物との根本的な区別にはならず、人間の祖先ではなく数百万年前に遡る大昔の動物の行動を伝えているにすぎないのであれば、過去の人類の世界観など、どうしたら理解できるだろうか？　ネアンデルタール人の墓を理想化するのは終わりにしよう。埋葬行為は、あらゆる人類の形よりもはるかに古い動物的な本性に根ざした、多くの動物行動のバリエーションの一つにすぎない可能性が高い。すると死の捉え方、喪失のつらさ、一人一人の個性の理解は、人間らしさを証し立てるものとしての価値を失う。したがって、考古学者として別のアプローチをとる私たちにとっても、墓の始まりに完全な人間性の出現を認めるという理論は崩される。巻き添えをくった形だ……。人間に固有なのは、遺体への配慮でも埋葬行為でもなく、それを儀礼化することである。だが、カニバリズムの無数の形態について見たように、儀礼が残す痕跡は、基本的に触れることができず、確証も得られず、しかも異論を呼ぶものばかりである。カニバリズムの存在と意味をめぐる論争は、ネアンデルタール人社会で実践された行為を分析することの困難さをよく表している。

食料確保を目的とするカニバリズムの理論は主に、気候と環境の変動に直面してネアンデルタール人社会が崩壊したという仮説に立脚しているが、考古学的資料の詳細な分析によって、私たちにはこうした環境の特性、かれらが入手できた具体的な資源、それに直面した人間社会の組織が、基本的に把握できていないことがはっきりした。

とはいえ、この気候変動期の考古学的データに注目することで、ネアンデルタール人の本当の意味での儀礼の存在について、もう少しよくわかるかもしれない。

時間的断絶

この気候変動は地球規模で起こった。それは深海や、あるいは南極やグリーンランドの永久氷床で実施された広範なボーリング調査によって裏づけられている。氷床内に閉じ込められた気泡には、水と過去の大気のサンプルを保存した、さらに細かい気泡が化石化している。化石氷体に取り込まれた過去の大気成分からは、地球の環境変化を極めて正確に復元することができる。その一方、気候変動が陸上の生物種に及ぼした詳しい影響は、依然として不確定なままだ。生物圏の反応は、環境変化に比べるとまるでわかっていない。そのため、地球の気温変化を示す曲線はかなり正確に描けるが、異なる大陸や緯度で生息環境が具体的にどのような反応を見せたかを明らかにすることは難しい。そこで、自然環境の変化を示す証拠が化石化した資料を、大陸環境に探し求める必要がある。だが、北極と南極の氷から遠く隔たった地域では、そのような形跡はまばらだ。それに、そこでは数万年かけて徐々に進んだ実際の環境変化から切り離された、ほんの一時期しか記録されていない。それでも、化石記録は昔の泥炭層《でいたん》〔植物遺体が完全には分解されずに堆積した層〕を分析することで手に入る。泥炭層には、数百万個の花粉が長い時間をかけて閉じ込められているため、それをもとに過去の生息環境の基本的なイメージを描くことができる。鍾乳《しょうにゅう》石や流華石《フローストーン》〔流水に含まれる石灰分が結晶して洞壁を覆ったもの〕など、洞窟の凝固物を分析することでも気候記録は入手できるが、ここでも、一般には数百年や数千年という短い一時期に限定される。このように、地球規模の環境変化に対する自然環境の反応を記録した痕跡は得られるものの、このような陸地の記録は断続的で、多くの場合は環境変化のごく部分的・局地的なイメージしか提示してくれない。氷河や海洋の記録からは、この温暖期が、暑い時期三回と涼しい時期二回が交互に入れ替わる五期にはっきりと区分できることがわかる。すると、人間社会が森林環境に立ち向かわざるをえなかったのは、一三万年前から八万年前までのおよそ五万年間ということになる。この「暑い時期」の最初の一万年間は、現在の気候よりもずっと温暖だが、考古学者にとって、この一万年間をほかの二つの大きな温暖期の波と区別するのは難しい。炭素、骨、花粉を分析すると、気候の傾向をかなり細かく復元することはできるが、八万年以上前の時期については、年代測定にかなりの統計的不確かさを伴い、数千年の幅が生じてしまう。そのため、多くの場合は、土層が温暖期のどの波に属するかを確実に判断できない。この長い間氷期、オーストラリアと南北アメリカにはまだ人類が入植していなかったようだ。そのため、大幅な気候変動に直面したはるか昔の社会の変容を資料で裏づけられる場所は、ユーラシア大陸とアフリカ大陸だけである。私が知るかぎり、旧世界では温暖期の波全体を記録した考古学的層序はない。そうはいっても、同じ層序内の完全な記録がなければ、急速に進んだと思われる大幅な環境変化に直面して、人間社会がどのような戦略を発達させたかについて詳細に分析することはできない。カニバリズムは、一部の森の民が生き延びるためにとった最終手段の一つだったのか？　それとも、もっと奥深い別の何か、私たちには認識できない古代の儀礼の儚《はかな》い考古学的証拠なのか？

ローヌ川流域で行われたカニバリズムが生存目的か儀礼目的なのかを解明するには、この森の民の正確な構造を理解する必要がある。だが、この長い最終氷期のロゼッタストーンはまだ解読されていない。発見ではなく解読。なぜなら、ここフランスの地中海沿岸地方については、私たちは広大な原生林の実態、そこで得られる特徴的な資源、この森の民が育んでいた伝統を詳しく理解できるロゼッタストーンをすでに手にしている可能性があるからだ。

このロゼッタストーンは、〝プロヴァンスの巨人〟ヴァントゥ山の北側斜面の近くにある。ヴァントゥ山はローヌ地溝帯《ちこうたい》沿いに位置し、地中海沿岸で最も高い山である。この巨岩は、ローヌ川流域の風景のなかで、数十キロ先からもくっきりと見える。大量に産出する燧石《すいせき》が古くから利用されてきただけでなく、いくつかの非常に重要なネアンデルタール人の遺跡も擁する。これらはるか昔のネアンデルタール人の痕跡には、最近までほとんど手がつけられていなかった。「温暖期のネアンデルタール人」を理解するための抜本的な調査が始まったのは、二〇〇八年になってからである。ただ正直なところ、調査の手がかりとなるものは現実にはわずかで、先史学者はこの遺跡にあまり注目していなかった。一九六〇年代に、やわらかい石灰質の崖の麓の水平な断層のような場所で、地面から石器が一点見つかったにすぎないため、それをもとに大々的な調査に取り組もうとは思わなかったのだろう。ところが、この断層がまさに、森の民のロゼッタストーンだと判明する。一〇年足らずの調査で、この温暖期の主要な気候の波を深さ一二メートルにわたって記録した驚異的な考古学的層序が、少しずつ姿を現すことになったのだ。

地面で拾われた石器は、アヴィニョンのルキアン自然史博物館で、同じ岩山の断層から見つかった数点の骨とともに、小さな段ボール箱に保管されていた。断層とは、正確にいうと、広く滑らかな天井と地面に挟まれた高さ五〇センチメートルの亀裂のようなものだ。骨片の資料群は一〇点に満たない小規模なものだが、動物相の驚くべき多様性を示している。それぞれの小さな骨片は異なる種に由来しており、そこからは森林に生息したことが明らかな動物の一団が浮かび上がる。実に、オオカミ、異なる二種のクマ、オオヤマネコ、ウマ、ノロ、バイソン、アイベックス、カメの骨が出土しているのだ。ホラアナハイエナのものらしき小さな骨片もある。数点の骨のかけらにしては見事なリストである。オオカミ、ホラアナグマ、ヒグマ、オオヤマネコ、ハイエナ、アイベックスの組み合わせは注目に値する。ここはヴォークリューズ県であり、このような組み合わせが見られる遺跡としては、これまでにほかに一つしか知られていない。しかも、ホラアナグマの存在は、プロヴァンス地方でほぼ唯一といってよい。一方、確認された唯一の石器からは、それを捨てた者の加工技術の伝統についてほとんど情報は得られない。ただし、分析しただけでも、その職人は十中八九ネアンデルタール人だろうと言えた。ネアンデルタール人の道具、森林環境と豊かな生物多様性を示す骨。試してみる必要があった。遺跡は、ローヌ川の左岸に位置する支流ウヴェーズ川の雄大な峡谷のなかにある。峡谷は長さ数キロしかなかったが、なんという環境だろう！　小川は、明るい黄色の巨大な断崖の間へ、ゆっくりと流れ込む。石器が発見された場所まで行くには、自然にできた巨大な屋根の下を通ることになる。それは印象的な形に張り出した崖が作る岩陰で、古いキヅタに覆われている。岸壁は苔に厚く覆われ、巨大な凝固物が頭上に張り出している。一九世紀から二〇世紀半ばにかけて行われた最初の調査では、先史時代の多数の集団がこの岩陰を住居としていたことが明らかになった。約一万年前の中石器時代に暮らした漁師、その数千年前のマドレーヌ期に生きたトナカイの猟師、そして私たちをこの壮大な断崖まで導いた、はるかに古い時代の入植者の痕跡が残っていた。例の石器が本当に間氷期のものなら、ウヴェーズ渓谷で確認されたほかの先史時代の住人より一〇倍古い。この遺跡が有する時間尺度を思うとめまいがする。だが、断崖に沿って進むと、研究者たちがなぜ、この崖の足元に化石として留まる先史時代の住居跡にさほど興味を示さなかったのかが理解できる。一辺が三～一〇メートルの岩塊《がんかい》が、山のように足元の地面を埋め尽くしているからだ。石灰岩は非常にやわらかく、化石を含むかつての海底の砂でできている。岩には無数の貝の化石、ウニ、サンゴが散りばめられ、どうしてよいかわからないほどのサメの歯も見える。化石を含むこれらの岩は脆い。まず構成要素である砂が、数千年来ゆっくり降り続ける細かい雨のように放出されて崩れていき、その合間に幅数メートルの大きな塊が欠けて隕石の雨のように落下する。ここを発掘するには、堆積した巨石の間を縫って進まなければならない。発掘で露わになった地面は、現実にはすぐにこれらの岩で塞がれてしまう。考古学者たちの野心は、岩石という厳しい現実に直面して座礁したのだった。私たちはそんな遺跡に到着した。確かにそこは、割れ目よりわずかにましなくらいで、そのために「低い洞窟」と呼ばれていた。実際、幅約一〇メートルの水平な割れ目に対して高さはわずかしかなく、天井と地面の岩盤に挟まれた開口部は、最も高い地点でも五〇センチを超えない。二つ目の通称「ノミの大岩屋」も励みになるものではなく、最初の探検から戻ったときは、親愛なる虫に刺された跡がたくさんできていた。私は、この一握りの骨片と打製石器がどこから出てきたのか見極めようと、割れ目に潜り込んだ。どうにか這《は》い進むものの、たいしたものは見えない。割れ目のなかの地面は、一辺が五〇センチメートルから一メートルの岩石に覆われている。掘り返せる堆積物がない代わりに、約五〇平方メートルの割れ目には岩石が累々と堆積している。洞穴の端のほうに這っていくと、小さな石筍《せきじゅん》（鍾乳洞の床面に見られるたけのこ状の岩石）がある。そこには、凝固物に閉じ込められたかなり大きな骨（おそらくバイソン）と保存状態のよい大きな木炭が見える。素晴らしい。凝固物は、今では失われた古い地面を化石に留めているに違いない。ウヴェーズ渓谷のちょっとした探検から戻ると、私は少人数のチームとともに予算ほぼゼロで大岩屋の調査に乗り出すことに決める。考えてみてもほしい。誰がこんな割れ目と凝固物に賭けてみようと思うだろう？　だが、私はちょうどCNRS（フランス国立科学研究センター）に就職したばかりだったので、若手研究員の安月給で必要を賄えるはずだった。一握りの親しい知人や友人で編成されたチームとともに、私たちは冒険に乗り出す。民族誌学のように、ただ対象に溶け込むだけでよいこのような科学的アプローチが私は好きだ。ある晴れた日の朝に出かけようと決心し、身を投じるだけである。この場合の科学はアプローチだ。思考と一〇本の指をどう結びつけるかという単純な論理的方法論であり、世界に向ける独自の視線である。食べ物と寝床を用意し、何よりもたくさんの情熱とエネルギーを携えて行くこと。戦略?　岩を除去し、石の間を流れてくる砂の堆積物を細かく濾《こ》すことだ。私たちはその砂を注意深く回収し、四分の一ミリという非常に細かい網で濾す。ネアンデルタール人が滞在した痕跡と、かれらが暮らした環境を示すものは、どんな小さなものも逃すわけにはいかない。数ミリという極小のげっ歯類の歯でも、ささやかな情報をもたらしてくれる可能性がある。だが、やることは膨大だ。先史時代の堆積物をどうにかしてまずはバケツ何杯分か得るために、いくつかの岩石を取り除く必要がある。七五立法メートルの岩石を除去すると、バケツ一〇杯ほどの砂をふるいにかけられる。だが、私たちが身を置く割れ目は狭い。乾いた空気はあっという間に埃《ほこり》っぽくなる。涙は出るし、鼻と喉は詰まる。数日にわたって這い進み、押したり砕いたりの作業を続けただけで、ティッシュペーパーには血がまじるようになった。宙を漂う細かい砂は、主に貝殻の化石を構成するケイ酸質の微粒子で、気道にとって有害だ。何百もあるサメの歯はいまだに鋭利極まりない。作業用の手袋をしていたにもかかわらず、チームの一人は危うく指を一本失うところだった。岩石の一つから飛び出していたサメの見事な歯に、腱《けん》を引きちぎられたのだ。問題は大きな岩石を、入口のわずかな隙間から搬出できないことだった。仕方なく、狭いスペースに閉じ込められたままハンマーとたがねでそれを砕き、上り坂になった地面を転がし、遺跡の下の傾斜地に出した。岩石を砕いては出し、鼻血も出し、切り傷だらけになった数週間。一カ月間、休みなくこの過酷な日課をこなした末、堆積した岩石の下にようやく姿を現したのは、地面の岩盤ではなく、驚いたことに、砂が硬化した濃い黄色の地面だった。堆積した石灰岩の下で、土層はしっかりと封印され、保護されていたのである。つまり、端の部分に凝固した半端な名残だけでなく、本物の古代の地層がまだ残っている可能性があるのだ！　ほとんど立てるようになった洞穴のなかで歓声が上がった。私たちの春の調査は終了したが、この発見はあまりにも素晴らしく、大きな期待がもてるものだった。作業の再開は秋。それ以上の保証はなかったが、発見への期待を胸に……。

一〇月の峡谷は、小春日和の日差しに彩られている。遺跡から見下ろせる古いポプラの木々は、数週間で葉がまばゆいほどの黄金色に変わる。まるで天も地も光を発しているようだが、そう見えるのは、あれほどの骨折りと数カ月の忍耐のあとで、発見への期待で居ても立ってもいられない私たちの視線のせいかもしれない。まずはこの明るい砂の地面を、二平方メートルにわたって調査する。まもなく現れた骨は、動物がこの洞穴で腐敗したばかりかと思うほど新しい。鳥、カメ、シカ、ビーバー……。それも大量のビーバーだ！　ヨーロッパ大陸のどの先史時代の遺跡よりも多い。完全にして見事な下顎骨。骨にははっきりとした切断の痕跡が認められる。そしてライオンと子ライオンの遺骸！　オオヤマネコとオオカミは、椎骨《ついこつ》がまだ一列につながっている。信じられないことに、オオカミの椎骨一つ一つには、細いがくっきりとした縞《しま》が刻まれている。石器による跡だった。このオオカミは、ヒレ肉を回収するために解体されたのだ！　オオヤマネコの肢先《あしさき》にもくっきりとした切断の跡が見られるが、それは中手骨や中足骨という、肉を利用するには適さない部位である。それから、最初の石器が出土する。息をのんだ。それは砂の上に平らに置かれた状態で姿を現した。まるで打ち割ったばかりの新品のようだ。前代未聞の新しさである。これまで赤道から北極圏までの各地で調査隊を率いた経験があるが、極北の凍土のなかでも、これほど新しいものには出会ったためしがなかった。まるで打ち割られたばかりのような石器。深いキャラメル色はまったく変色しておらず、カミソリの刃よりも薄い刃には、裸眼では少しも刃こぼれが見えなかった。それは、一〇万年前に人間が置き去りにした先ほどの骨のそばに置かれており、温帯の動物の存在を考え合わせても、もはや疑いようがなかった。のちの分析でも確認されるだろう。次いで、木炭からはかつての豊かな温帯林が復元できた。げっ歯類、ヘビ、両生類の無数の遺骸、砂のなかから回収された大量のカタツムリの殻から再現された環境は、森林に覆われ、とてつもなく豊かな生物多様性を備えていた。だが、この骨と石器はどういうわけでそのまま保存されたのだろう？　この岩山の割れ目では、時間の影響がまったくなかったかのようだ。もはや岩山の割れ目ではなく、時間の割れ目である。骨と石器は、天井の岩が崩壊してできた黄色い砂に覆われていた。この砂には、一五〇〇万年ほど前に中新世の海にいたサメや魚を石に変える性質があった。石器と骨と炭の素晴らしい保存状態は、化石を含むこの砂の特徴を示している。砂の保存効果は、中新世の遺物とネアンデルタール人の獲物の遺骸に、同じように発揮されたわけだ。私たちの簡単な調査は続き、わずかとはいえ注目に値するネアンデルタール人の考古学的資料群が得られた。発掘が進むにつれ、時間を止められるこの砂の性質にますます驚かされた。やがて、落ちた瞬間と変わらない美しさのシカの枝角、リクガメの完全な甲羅（ヨーロッパの更新世で知られる唯一の例）、狩猟民が設《しつら》えた小さな炉（灰と炭、および炎で赤くなった石も）、それに木の枝が出土した。木炭と違って燃やされていない、砂によってただ化石化した小枝だ。いまだかつてこのような保存プロセスを目にしたことはなかった。だが、作業は膨大だった。その環境は、先史時代の遺跡には優しかったが、考古学者にとっては厳しかった。私たちは膝と手を毎日のように切り傷だらけにし、呼吸困難を来《きた》し、大量の岩石を砕き、上り坂を転がして外に出さなければならなかった。また、周囲の自然環境をもとどおりの美しさに保たなければならなかったし、遺跡の所有者とも、岩石の集積によって峡谷の斜面を損なわないことで合意していた。そのため、古代から一九世紀まで私たちの先祖がやっていたように、昔ながらの方法で石を積み上げ、石垣を作らなければならなかった。

こうした過酷な条件にもかかわらず、私たちは作業を継続することに決め、年に二カ月、八年にわたって発掘を続けた。年を追うごとに地面が露わになり、この岩山の割れ目の特徴がわかってきた。長さ一〇メートルにわたって洞穴の開口部を覆う地面の岩盤は、岩の割れ目の底部ではなく、洞穴の入口に崩れ落ちた天井の一部である。土層は、この巨大な岩盤の下に沈み込んでいるようだ。洞穴入口のこの領域を詳しく調査できるようにする必要がある。ここには、ネアンデルタール人が住居を整え、重要な遺物を捨てた可能性がある。しかし、今度動かさなければならないのは一辺五〇センチの岩石ではなく、たった一つで四立方メートルを超える巨石である。そこで私は洞穴学《どうけつがく》チームに目を向ける。同チームには、爆破専門家が含まれているからだ。かれらは事故が起こった際、地下に閉じ込められた洞穴学者を救出するための介入に慣れている。爆破技術を完璧に使いこなし、救出すべき洞穴学者の顔から数センチの距離に爆薬を配置することもできる。その完璧な制御力はおおいに役立った。入口の巨大な岩盤の下からは、洞穴の主要空間と同じくらい保存状態のよい土層が現れた。何よりも、数十立方メートルの岩石を除去できたことで、洞穴の本来の形がわかるようになった。そこで判明したのは、洞穴のどの端にも壁がないことだった。洞窟の側面を縁取っていたのは、自然な岩壁ではなく、凝固物と積み重なった岩石が入りまじったものだった。ここは洞窟でも岩屋でもない。ただ単に巨大な岩の下にできた空間であり、その先には崩れ落ちた大量の巨石で作られた広大な迷宮が広がっている。なかには一辺が二〇メートルを超える岩もある。人類がこの巨大な自然の岩海《がんかい》〔巨大な岩石が積み重なって地面を覆っている地形〕の入口部分に住み着いていたことが理解できた。このウヴェーズ峡谷では、人類が住み着くはるか前に、小川の上に張り出した高い断崖が崩れ落ち、巨石が山のように積もった。そしてこの広大な岩海の岩の間に残された空間は、地下の大迷路となった。平面の迷路ではなく、三次元の迷路である。迷路は、この驚異的な落盤現場の果てまで続いている。こうしてできた空間は、やがて人間や肉食動物の住処となり、代々の住人の骨や石器を化石として閉じ込める堆積物で徐々に埋まっていった。遺跡の範囲は、私たちが発掘していた一つ目の岩の下の数十平方メートルに留まらない。ウヴェーズ峡谷のこの斜面全体に、はるか昔の森の民の痕跡が記録され、化石化している。第一の洞穴の端を調べたところ、石器と骨を探し当てることができた。いまやどの方向を見ても、考古学的価値のある遺物が目に入る。出現した調査現場は広大だ。それを、私たちのノウハウと地下の探索に慣れた洞穴学チームのノウハウとを合わせて探索することになった。その結果、遺跡の近くに、岩海によって生まれた無数の入口の一つが見つかった。こうした入口は、岩石と、ネアンデルタール人が暮らした痕跡を記録した堆積物とで埋まっている。別の入口らしきものも、私たちの巨岩の上方と側面に見える。側面の入口周辺を数センチ掘っただけで、温帯の動物の遺骸がすぐに姿を現した。だがその場所は、それまでに主要空間で発掘した地面の一二メートル上方に位置する。この一二メートルに含まれる考古学的記録は、この間氷期の温暖期だけに関するものであることがわかってきた。六年の間、私たちは迷宮の上部と下部をつなげようと努めた。ケーブルと滑車《かっしゃ》を使って貨車《かしゃ》を自重で行き来させる運搬システムを設置し、一つ一つの出土品が空間内のどこで見つかったかを詳しく記録し、砂は少量ずつ四分の一ミリのふるいにかけた。考古学的資料はあちこちから現れた。どれも保存状態は素晴らしかった。私たちは埋もれた地下へと少しずつ進んでいったが、このゆっくりとした前進の足かせとなったのは大量の巨石だった。岩を砕き、這い進みながら外に出し、なおかつ作業の過程で明らかになる豊富な考古学的・地質学的・地形学的な情報すべてを記録する必要があった。くたびれる仕事だったが、広大な地層の構造が徐々にわかってきた。六年に及ぶ地下での作業の末、堆喜びが炸裂した。ある日曜の晩、爆破専門家のフレデリック・ショーヴァンとともに、堆積物の頂点と、二〇〇八年に発掘した最初の空間の奥とを直接つなげることができたのだ。ついに、この遺跡の重要性が目の前で形を成した。この作業によって、異なる発掘区域がとうとう結ばれた。最終的には、一二メートルもの厚さの考古学的記録を観察できるようになった。そこには、連続する一五の土層が明確に区別できた。出土した骨と木炭の膨大な資料群は、地下に広がる古代の堆積物の最下部から頂点まで、温暖期の環境だけを浮かび上がらせる。発見の重要性が注目され、私たちの発掘作業は『ナショナル ジオグラフィック』誌から二つの賞を授与された。おかげで、壮大な地下迷宮の深部に通行用の床を設置し、安全対策を施すことができた。

森の民からシカの民へ

考古学的層序は、各層で発見された最も代表的な動物群をもとに、大まかに識別することにした。ビーバー累層《るいそう》、カメ累層、シカ累層、ハイエナ累層……という具合だ〔塁層とは地層区分の単位で、特定の環境のもとで堆積した一連の層を指す〕。だが、全体ではゾウやライオン、ヘビなど六一種もの異なる動物種が確認されている。今日確認されている先史時代の生物多様性としては最大級である。木炭の分析からは、極めて密度の高い森林環境の存在が明らかになっている。遺跡には、約一〇万年前の間氷期だけが記録されていることが判明しており、最下層はかなり気温の高い温暖期にあたることが窺える。私たちはこの時期を、気候変動の始まりを告げた温暖期と解釈している。二〇一〇年に『ジャーナル・オブ・アルケオロジカル・サイエンス』誌で提示された仮説を裏づけるものだ。だが、正確な時期はまだわからない。そこで、共同研究のパートナーである英国のオックスフォード大学とオーストラリアのアデレード大学が、知られている考古学上の時代をすべて網羅する、広範な年代測定を実施する。結果は私たちの期待を上回るものだった。この遺跡には、最も古い地層に一二万三〇〇〇年前の住処、その一二メートル上の最も新しい地層には八万年前の住処が化石化しているという。ここでは洞穴の最下層に、間氷期の最初期が記録されていることは疑いようがない。一二万三〇〇〇年前の気温は、現在よりも二度以上高かった。証拠は揺るぎない。得られた年代の連なりは、私たちが明らかにした土層の連なりに完璧に一致しており、浅い層へと上るにしたがい、得られた年も次第に新しくなる。したがって、この層序では、初めて一カ所に間氷期全体が記録されているうえに、森林の生息環境の変化だけでなく、この環境に置かれたネアンデルタール人のとった戦略までもが考古学的資料によって裏づけられるわけだ。間氷期の異なる時期を、世界で最も完全な形で留めた考古学的記録だろう……。

この森の民に関する情報は、大きな重要性を備えている。まず、この森林環境に占める肉食動物の位置が明らかになる。ここには、ホラアナハイエナからヤマネコまで、知られているすべての肉食動物種が多数登場している。肉食動物が多いということは、この森林環境がそうした肉食動物の必要を満たせるという意味である。オオカミが食べる肉の量は週に五キロだが、ハイエナは毎日四キロを必要とする。ライオンの場合、一日あたりの必要量は九キロだが、盛大に食べる時期には最大二五キロを消費する。いずれも群れを作る社会的動物で、単独で生活することはめったにない。現代のブチハイエナは、最大八〇頭に達する大きな群れで生活する。ハイエナの糞《ふん》の化石に含まれていた花粉を分析したところ、極めて豊かな森林の光景が再現された。ただし、ハイエナは木のない大草原に適応した種と考えられている。この地のハイエナは、広大な温帯林に見事に適応したようである。

洞穴の地下には、堆積物ではなく、ほぼハイエナの糞の化石だけで厚さ二メートルにも達する層がいくつかある。この肉食動物の大群がこの峡谷に住み着き、縄張りを守っていたのだ。この温暖期のすべての時期を通じ、巨大な森では動物性タンパク源がかつてなく豊富に得られたようで、大型肉食動物が驚くような密度で生息していた。エーム間氷期の広大な森林は、資源の宝庫でもあった。そもそも、見つかった六一の動物種は、信じられないほどの生物多様性を示している。人類はこの生物多様性を存分に享受する。大型肉食動物を含むあらゆる種に立ち向かい、それを活用している。オオカミ、クマ、オオヤマネコの骨には、解体作業の痕跡が認められる。切断箇所を見るかぎり、場合によっては、人々の興味は肉ではなく毛皮にあったのだろう。こうした大型肉食動物は、質のよい毛皮をもつ点がビーバーと共通している。一部の石器の刃を調べると、オーカー〔酸化鉄を含む粘土。黄土〕を使って皮革を殺菌し、やわらかく加工していたことが窺える。石器の薄い刃に赤っぽい土が付着しているのが、裸眼でも確認できるのだ。この地下の迷宮は、肉食動物にたびたび占拠されたが、人間も定期的に洞穴に戻ってきた。最も奥まったところにあるハイエナの住処でも、地面に積もったサイやバイソンの骨とハイエナの糞にまじって、なんと石器が一点見つかった。それはこの地下で見つかった唯一の石器で、精巧に作られた刃の尖った先端は、骨にあたって欠けている。ネアンデルタール人は、ホラアナハイエナを探し出すためにこの地下へ行ったのだ！　自分たちの住居の真ん中で……。オオカミを利用するほうが危険は少ないように見えるが、そちらも驚きには事欠かない。オオカミの不意を突くにはどうしたらよいか？　オオカミは、数百メートル離れていても、相手が気づくよりずっと先に匂いを嗅ぎ分け、物音を聞き取る。非常に知能が高く、用心深いので、不意を突くことはできない。走りだすと数秒で時速六〇キロメートルに達し、短距離走でも長距離走でも、オリンピックの金メダリストを完全に打ち負かす。多くの伝統的な社会は、狩るのではなく罠をかけてオオカミを仕留める。

浮かび上がるのは、ネアンデルタール人が多彩な資源を活用し、さまざまな戦略に習熟していた様子だ。おそらく、恐るべきホラアナハイエナとは、頑丈な槍を武器に地下で正面から向き合い、捕らえにくい動物相手には罠を仕掛けたのだろう。人々は肉を食べ、見事な毛皮を探し求める。だが最大の驚きは、「シカ累層」の区画アルファである。この区画は、太陽の光が届かない地下にある。内部は篝火《かがりび》か焚《た》き火で照らされていた。壁にはまだ薄く灰色の粉が付着している。一〇万年あまり前に付着した煤《すす》が、洞穴の縁の岩肌にまだ完璧に保存されているのだ。当時、この地下迷宮に住み着いていたのは肉食動物ではない。「シカ累層」の骨はすべて、ネアンデルタール人の狩人によって持ち込まれたものだ。かれらは主にノロやシカを、丸ごとこの洞穴の奥まで運び込んでいた。この区画アルファの骨にターゲットを絞った分析が、ボルドー大学のサンドリーヌ・ベローによって行われた。これらの骨から、この集団に対する意外な観点がもたらされた。一般的な旧石器時代の狩猟民の獲物を分析すると、通常であれば、あらゆる年齢の雌雄両性の野禽類が利用されていた実態が明らかになる。狩猟採集民の伝統的な獲物の内訳は、成獣が大半を占めるなかに若いシカや老いたシカがいくらかまざり、雌と雄の割合も同じくらいである。区画アルファの特徴は、年齢と性別を問わない従来の内訳とはまったく重ならなかった。ここには、若いシカも老いたシカも、雌のシカもいないのだ……。狩人は明らかに成熟した雄のシカだけに狙いを定め、ほかは無視していた。まだ枝角がついたままのシカの頭蓋骨が、この区画の資料の多くを占める。最も強く、最も殺すのが危険な個体に狙いを定めた男性的な狩りだ。シカは槍で殺されたのだろう。この地層で見つかった燧石の武器が、刃先は細長いもののかなり大きく精巧に作られているところを見ると、それはまさに、正面から向き合う狩りだった。

ネアンデルタール人の成人儀礼？

だが、長い歴史のなかで見ても、この狩猟のあり方には疑問を感じないわけにはいかない。オオカミ、クマ、オオヤマネコなどの危険な狩りや複雑な狩り（オオカミ）に加え、人々は自分の縄張り内にあるハイエナの住処に入り込んでまで、わざわざ大型肉食動物に立ち向かっている。シカ累層では、大きな成熟した雄のシカばかりが選ばれているが、それは食料調達の観点からは必要ない。動物行動学に基づくと、自然環境では、シカの雄と雌は一般に別々の群れで暮らすが、雄の群れには若い個体や年老いた個体も含まれる（老いたシカは群れを離れて暮らすこともあるが）。ここには何か特別な意志が表明されており、ネアンデルタール人の狩猟を食料調達と経済性の観点だけから説明することは難しい。成熟した雄だけを求める行動には、おそらく何か別の思惑があるのだろう。

すべての大陸から集められた大規模な民族誌学資料に基づくと、人類にとって狩猟が単なるタンパク源探しに留まることはまずないといってよい。そこには必ず儀礼的な側面があり、集団の食料調達という合理的な理由を大幅に超えた規範が与えられている。狩猟が純粋な食料調達であることは決してないのだ。人間は何といっても非合理的な存在である。人間と動物には多くの共通点があるとしても、獲物を殺す際の人間に特有のやり方によって、私たちは動物界から引き離され、文化的かつ徹底的に符号化された別の世界へと連れていかれる。どんな大型肉食動物も、一つの種のなかで特定の性別や年齢層を体系的に選んで狙うことはなかった。このような特徴は、純粋に人間特有である。何よりも驚きに値することだ。民族学者のベルトラン・エルは、ヨーロッパにおける未開人の狩猟と神話に関する研究『黒い血（*Sang noir*）』のなかで、古代から現代にいたるヨーロッパのさまざまな社会において、シカ狩り（とくに大きな雄を狙う狩り）は決してとるに足らない行為ではないことを、広範な資料によって裏づけた。シカ狩りは一般に単独で、狩人とシカとの直接対決として行われる。この伝統的な対面型の狩りで狙われるのは、雌や若いシカや老いたシカではなく、最も強い雄だけだ。それは男性だけに許された狩猟であり、高度に儀礼化され、符号化されたやり方で、狩人が一人前の男になったことを示す。エルは、狩人がまさに鹿男《しかおとこ》に変身し、獲物と正面から直接対決するさまを描いている。まるで狩人自身が雄のシカとなって、性的ライバルと対決しているかのようだ。シカは食用になるとしても、シカと鹿男の対決という以外にこのような狩りを行う明白な理由はない。ここでは、食用肉の確保という単なる合理的・統計的な理由をはるかに超えて、儀礼に重きが置かれている。

ネアンデルタール人の墓の問題を通して見たように、他者認識や相手の死に対する苦悩と気遣いは、人間と動物を区別するどころか、人間を動物の同類と位置づける。このシカ狩りを見て初めて、儀礼という人間に特有の行動特性が感じ取れる。当然ながら、動物の行動に注目し、そこに儀礼化された行動形態を探ることによって、この見方を打ち消すこともできるだろう。私自身、動物界にも何らかの儀礼的形態が存在することに何の疑いも抱いていない。動物行動に関する研究では、かなり以前から、多くの種が時を経て世代から世代へと受け継がれていく真の伝統を備えることが証明されている。動物も愚かな行動から抜け出し、世界を分析し、戦略を編み出して発展させ、それを子孫に伝える。すると、カササギやオオカミといった種の全体ではなく、ある地域に生息するカササギやオオカミの集団のみに固有の戦略が発達する。動物が、固定された動物行動を自ら乗り越え、私たちのように伝統を受け継ぎ、文字どおり継承文化を担っている、ということに気づくと感動する。かれらには固有の文化がある……。田舎のネズミと町のネズミのように、価値観はそれぞれだ。

はるか昔に絶滅したネアンデルタール人も、私たち自身と同じく、この生物の構造からは逃れられない。私たち研究者の役目は、そのことを十分に認識し、私たちの視線を実証主義的、機械論的、統計的、数量的、合理的なアプローチに（これからは）限定しないことである。こうした限定的な視線は、人間の本質そのものを否定することになる。世界に向ける私たちの視線が、科学主義によって歪められてしまうわけだ。この実証主義は人間について、数学的に認識できる表面的な構造しか分析しないが、それはむしろ思考の逸脱であり、失敗であり、つまずきである。実証主義は、人間の本質と人間に根づいている動物的な論理に対する一種の否認を内包している。人間の本質の根底にあるものを間近に直視しないですむように、グラフや測定値や図表の背後に隠れているのだ。確かに実証主義は厳密だろう、だが、この厳密さがふさわしいのは、海洋に含まれる水滴の数を数える統計学者くらいだ。それは慎重でもあるだろう。だが、この慎重さは遠慮からくるものだ。こんな見るに耐えないものは隠してくれ……。

実のところ実証主義は、人間を数量化可能な合理性に限定することで、科学であろうとしているにすぎない。徹底的に（かつ惨めに）、単なる思考の拒絶を表明しているわけだ。人文科学に対する自然科学のクーデターである。だがそれは人間に、そして人間のうちに、非人間性を投影することでもある。私たちは、人間が人間に向ける本当の視線を眺め、分析し、受け入れなければならない。絶滅した過去の人類に対し、一種の参加型民族学をもって臨もう。投影も、幻想も、構築もせずに。生物の現実と豊かさを受け入れ、過去の行動によって表現された論理を受け入れることだ。

ネアンデルタール人の社会は、たとえ一〇万年以上前の出来事だったとしても、すでに儀礼化されていたと考えられる狩猟に対し、独自の規範に従って対応した。森の民からシカの民への移行である。私たちはこの森の民についても、ウヴェーズ渓谷の地下迷宮で初めて垣間見ることとなった意想外なシカの民についても、まだほとんど何も知らない。かれらの社会を理解するには、まだまだやるべきことがある。このような考古学的記録は、成人儀礼がここに存在したことを示すのだろうか?

人は、象徴的思考が人間に特有だと考えたがるが、おそらくは程度の問題でしかない。すでに見たように、この象徴的思考の起源を探ろうとして、できの悪いレシピのような考古学上の証拠リストが判断基準に用いられていた。一つまみの墓、三つまみの装身具、ごくわずかな工芸品、ほんの少しの洞穴美術を合わせて、一〇万年とろ火で煮込む。象徴的思考の奥行きを余すところなく表現できる、おいしそうな現代人のできあがりだ。

象徴的思考とは異なり、儀礼の存在は、特異な道具類や墓や装身具の発見ではなく、人間社会全体の構造の分析に基づいて明らかにされる。こちらでは成人儀礼らしきものが浮かび上がり、あちらではカニバリズムの儀礼化された形態が見られる、という具合だ。森の民について多少理解が深まったところで、食人種の洞窟に戻ろう。この出来事の起こった時代が、ウヴェーズ峡谷で猟師たちがビーバーを獲っていたのと同じ一二万五〇〇〇年前であれ、シカの民と同時代の一〇万年前であれ、このローヌ川流域のネアンデルタール人社会が広大な森林環境に適応できなかったなどと考えられるだろうか？　歩いて三日の距離にある同じような森林が、地中海沿岸地域で知られるかぎり最も多様な動物群を養えるほど豊かな資源に恵まれていたというのに、かれらが食用にできる野禽を見つけられなかったなどと本気で想像できるのか？　この森林は、ライオンの群れは養えても、人間は養えなかったとでもいうのだろうか？

レヴィ＝ストロースが指摘したところによると、カニバリズムへの願望が極度の空腹を意味するのではない場合、それは魔術的、神秘的、宗教的な動機の産物でしかありえない。つまり、建設的なカニバリズムである。

意味を帯びたモノや行為を探すのではなく、過去の社会を構造面から考察すると、森の民に成人儀礼や遺体処理などに関する儀礼が存在した可能性が窺える。

儀礼こそが生き物を人間に変えるのだ。だがそれは、私たちと同じ人間なのか？　その点については、あまり確信できない……。

第五章　ネアンデルタール人の美意識

ネアンデルタール人は、モノの美しさを意識していただろうか？　私はネアンデルタール人の美意識の存在をまったく疑っていない。かれらの手による工芸品すべてが、あらゆる形で美意識の存在を伝えている。ネアンデルタール人が生み出した無数の道具類には、物質的生産において、かれらが機能性よりもまずバランスとエレガンスを追求したことが現れている。ネアンデルタール人の道具に見られるこのような特性は、一般に話題の中心にはならない。まるで、かれらの美意識は機能性の副産物にすぎないとでもいうかのようだ。これは損害の大きな二次被害である。なぜなら、このような扱いをするかぎり、ネアンデルタール人の精神構造について何の情報も得られないからだ。

ネアンデルタール人の芸術、儚い思考

だが、科学界の一派は、ネアンデルタール人の芸術（ネアンデルタール芸術）を発見したと主張するだろう。工芸品や装身具、洞窟の大規模な壁画さえも……。そうであれば、この生き物の精神構造は私たちと変わらず、かれらの人間性を見えなくしたのは、私たちの差別的な視線のみだったということになる。これも、いけ好かない原始人というイメージがもたらす弊害の一つである。

注意してほしいのだが、このようなネアンデルタール芸術が存在することの根拠として挙げられる痕跡は、ごくわずかである。森の民が残した生と死の儀礼の痕跡に比べても、はるかに曖昧な痕跡である。猛禽類の鉤爪や大きな風切羽《かざきりばね》、穴の開いた貝殻などをもって、ある者はこれがネアンデルタール人の首飾りだという。

二〇一四年、私はイタリア人の同僚たちと共同で、約五万年前の二つの遺跡から出土した、ワシの鉤爪の回収利用を示す調査結果を発表した。一つは、北イタリアのリオ・セッコ洞窟で見つかったもの。もう一つは、私がローヌ川流域のマンドラン洞窟で発見したものだ。マンドラン洞窟は注目に値する考古学的層序で、森の民の時代からネアンデルター

ル人の絶滅まで、八万年にわたる人間の住居跡が記録されている。

その三年前、のちに私の同僚となるこのイタリア人チームが発表した論文は、大論争を巻き起こしていた。ヴェネツィアン・プレアルプス山地南麓《なんろく》に位置するフマーネ洞窟で発見された鳥の骨の分析から、翼の先端にある風切羽の回収利用を示した論文だ。フマーネ洞窟では、ヒゲワシやクロコンドル、イヌワシやニシアカアシチョウゲンボウ、モリバトやベニハシガラスなど、多数の鳥類種の骨が見つかっており、それらの骨を分析したところ、この大きな羽根が収集されていたことが明らかになった。骨が見つかったのは四万四〇〇〇年前の地層で、ネアンデルタール人のものと見て間違いない石器数点とともに出土した。この時代、ホモ・サピエンスはまだ西ヨーロッパに到達していないし、大きな羽根の回収利用は、機能性の追求や食料調達に関わる戦略の一環ではないと考えてよいだろう。つまり、ネアンデルタール人は美しいからという理由だけで羽根を収集したらしい。きっとその身を飾るためだろう。メディアはこの発表に飛びつき、SNSにはさっそく、大きくカラフルな鳥の羽根で飾られたネアンデルタール人の画像があふれた。この生き物に対する私たちの視線は、またもや転換した。それはもはやネアンデルタール人ではなく、最後のモヒカン族〔アメリカ先住民の一部族〕だった。

この〔二〇一一年の〕論文が示唆することは、二〇一〇年のある発見をめぐるセンセーショナルな発表とも一致するように思われた。スペイン南東部のクエバ・アントンとロス・アビオネスにあるネアンデルタール人の遺跡で穴の開いた貝殻が見つかり、やはり同じようにネアンデルタール人の装身具と解釈されたのだ。

それから四年後、私たちが発見した猛禽類の鉤爪は、鳥を象徴するもので身を飾ったおしゃれなネアンデルタール人のイメージをさらに裏づけるものだったかもしれない。猛禽類の鉤爪は、多くの伝統的な社会で注目される飛翔の象徴である。それに、ほかにも五点の鉤爪が、フランス各地のネアンデルタール人の遺跡ですでに見つかっていた。二〇一五年にクロアチアのクラピナ遺跡で発見された八点の鉤爪を合わせると、今日《こんにち》では一〇点超が確認されている。一九〇五年にクラピナ洞窟で行われた発掘では、出土した鉤爪の正確な年代について保証は得られていないが、ネアンデルタール人が収集したものであることは疑いようがなかった。

地中海周辺のネアンデルタール人の遺跡にこうした痕跡が見つかると、それはただちに、ネアンデルタール人社会における視覚的・象徴的表現を示すものと解釈された。一二万年前からこの集団が絶滅する四万年あまり前までの時期に、そのような表現が確認されたことになる。

幻想の残骸

二〇一八年二月に『サイエンス』誌を飾ったある研究は、一連の発見を締めくくり、ネアンデルタール人の古めかしいイメージにとどめの一撃を与えることになったようだ。旧来のネアンデルタール人のイメージは、私たちと同じ人間らしさに満ちたものにすっかり塗り替えられた。

この論文は、スペインの三つの洞穴、アルダレス、ラ・パシエガ、マルトラビエソで世界最古の洞穴美術が見つかったと告げていた。赤いオーカーで描かれたさまざまな模様、さらにはネガティブハンド〔壁にあてた手の輪郭に沿って顔料を吹きかけ、手形を浮かび上がらせた壁画〕が発見されたことで、洞窟壁画の起源は六万七〇〇〇年前以前に遡った。この発見に世間は仰天した。この六万七〇〇〇年前とは、オーカーで描かれた線描を覆う凝固物の膜から推定した年代である。したがって、この年代は下限にあたる。スペインの洞窟の壁に展開される図像表現は、さらに年代を遡る可能性も十分にある。それにしても、六万七〇〇〇年前といえば、世界最古の洞窟壁画があるショーヴェ洞窟〔フランス南東部アルデシュ県〕の二倍の古さである。スペインの三つの洞窟は、ネアンデルタール人がまだほかの人類と共存することなく、イベリア半島に単独で暮らしていた時代のものである。

しかも、ネアンデルタール人の芸術は、さらに時代を遡る一方である。一連の発表の最初に位置づけられる二〇一〇年の発表では、ネアンデルタール人の装身具は紀元前四四千年紀から五〇千年紀頃と、比較的最近のものであると報告されていたのだから。それが徐々に、紀元前五〇千年紀から七〇千年紀、そして一二〇千年紀へと遡る、という具合である。まるで、ネアンデルタール人の芸術はいつの時代も存在していたといわんばかりだ。ネアンデルタール人がネアンデルタール人になったとき以来、かれらとその芸術は切っても切り離せなかったかのようである。ところが二〇一九年、イスラエルのケセム洞窟を調査中の科学者チームが、なんと四二万年以上前の土層で、ハクチョウ、ハト、カラス、ムクドリの羽根の回収利用を明らかにした。ネアンデルタール人やサピエンスが登場するずっと前のことである。

ネアンデルタール人よりはるかに古いこのヒト集団は、私たちの同類にさらに似ていたということだろうか？

何かが噛み合わない。

一五〇年以上前から、無数の出土品を通じて知られるネアンデルタール人の手仕事をもってしても、かれらの感性は明らかにできていない。それなのに、どうやって洞窟の壁に強力な象徴的表現が繰り広げられるのを見て取ることができるのだろうか？

とはいえ、ネアンデルタール人の首飾りは？　穴の開いた貝殻、猛禽類の鉤爪、大きくカラフルな風切羽は、どう捉えればよいのか？

実際、批判的に分析を進めると、残るのはこうした幻想の残骸だけである。芸術の根拠とされた出土品のうち、多少なりとも加工されたり、意図的に手で改変を加えた痕跡があったりするものは一つもない。一五〇年にわたる調査を経ても、ネアンデルタール人の最初の装身具に開けられた最初の穴は、いまだに見つかっていないのだ！　私たちが前にしているのは、具体的で形のある客観的な事実ではなく、解釈や投影や構築の産物である。

このような遊びなら、カササギのように光るものや色鮮やかなものを集める鳥も、ネアンデルタール人と同じくらいうまくできる。ニューギニアとオーストラリアに生息するニワシドリは、雌を引き寄せるために、石や花、貝殻や羽根を形ごと、色ごとに大量に集め、それを組み合わせて巣の入口を美しく飾りつけることで、相手を歓迎する雰囲気を演出することまでする。ネアンデルタール人はそこまでしない。この生き物は、自分の身を飾るのにそれらの残骸を使った鳥に負けている。ネアンデルタール人が水晶や化石、色鮮やかな石など珍しいものを集めることは昔から知られていたが、南アフリカのマカパンスガット遺跡では、三〇〇万年前にはすでに、アウストラロピテクスが変わった形の碧玉《ジャスパー》の小石を集めていたことも確認されている。こうした行動は、鳥からアウストラロピテクスにいたるまで見られるもので、古い動物行動学の領域に属し、少しも人間らしさを特徴づけるものではない。

では、ネアンデルタール人の首飾りというこの生き物に投影された新たな幻想は、ゴミ箱に捨ててしまえばよいのか？　本当に？

穴の開いた貝殻はどうだろう？

顕微鏡で分析すると、この貝殻の表面には、紐か植物の繊維で吊り下げられていたことに由来するらしき光沢が認められるうえ、論文では、貝殻が互いに擦れあっていたとまで示唆されている。これぞ、鳥とアウストラロピテクスを完全に打ち負かす証拠だろう！

早まってはいけない。この穴を開けたのは、実は……カニなのだ。ネアンデルタール人は海岸で貝殻を拾い集めたにすぎず、そのなかには自然に穴が開いていたものもあれば、そうでなかったものもある、というわけだ。穴の開いていない貝殻も拾われたということは、穴は貝殻に求められた機能ではなかったということだろうか？　貝殻を適当に拾うと、穴ありと穴なしが同じ割合で集まることを示した研究もある。逆の結論に達した研究もある。このような方法で貝殻の役割を見極められると思ってはならない。ここでは異なる統計的アプローチを対比しているにすぎない。だが、貝殻の穴に機能があろうとなかろうと、確かなことは、その穴がすべて自然に開いたものだということだ。そして、この自然の穴は、貝殻に装身具としての機能があったことを示唆するものではまったくない。平原インディアンは、まさに同じ種類の貝殻を、音を出すための純粋に技術的な道具として使っていた。メロディーを奏でるためではなく、振って音をたてるガラガラである。野禽類を誘導する狩猟技術の一つだ。

では、猛禽類の鉤爪は？

私は二〇一四年に、イタリア人の同僚たちとの共同研究に著者として名を連ねることを承諾したが、その条件として、鉤爪の象徴的機能についての主張を調整するよう求めた。私は象徴的機能に対して否定的な証拠に言及するよう提案したのだ。肯定的な証拠があるとしたら、それは加工されたものである。人間によって開けられた穴が一つでもあれば、話は違ってくる。穴一つでいい。だが、一五〇〇年の考古学研究を経ても、ネアンデルタール人によって開けられた最初の穴は見つかっていない。それが実際に装身具として身につけられていたことを肯定できるような、最初の手がかりもない。まだ角質の鞘《さや》に包まれたままのワシの鉤爪は、皮革などやわらかい素材に穴を開ける道具として最適だろう。手に握ったのであれば、根元に光沢が生じるだろう。そのような光沢に似た跡は、クラピナ遺跡の鉤爪のいくつかに認められる。一つの鉤爪の根元には、動物由来の繊維（腱？）の残骸と一緒にオーカーと炭が付着しており、鉤爪の根元が樹脂で覆われていたことを示唆する可能性がある。ネアンデルタール人が道具に柄をつけるために樹脂を使用したことは、広く確認されている。柄を取り付けるには、一般に繊維を使用し、そこにオーカーと炭をまぜたものを添加することで、使われる接着剤に強度と弾力を与えたのだ。しかし、クラピナ遺跡のチームはこの解釈を採用せず、言及すらしなかった。この手がかりは、またもや根拠のないネアンデルタール人の首飾りという幻想に結びつけられている。

羽根はどうか？

一般に、羽根はこの象徴の領域に留め置かれている。なぜなら、栄養面でも機能面でも直接役立つとは思えないからだ。羽根の美しさは明白である。まさにこの美しさが、地球上の無数の伝統的な社会で利用されてきた。確かに、この美しさは客観的なものである。一部の人間の文化のみが羽根に向ける、主観的な視線の副産物などではまったくない。自然界では、大きく色鮮やかな羽根のもつ役割の一つは、雄が雌を引き寄せるための表現に直結している。クジャクの飾り羽がその例だ。人間は、鳥をまねているだけなのだろうか？　そうだとすれば、ネアンデルタール人は羽根でその身を飾り、まさにわがサピエンス社会で確認されている行動を彷彿させる表現方法を採用したということになるだろう。したがって、客観的で普遍的な美しさは、異なる文化だけでなく、異なる動物種にも通用する。羽根の美しさは文化的なものではなく、アメリカのナバホ族やブラジルのカヤポ族だけに関わるわけでもない。人類の文化全般に限らず、さらに広くホモ・サピエンスからヨーロッパオオライチョウまで、生物全般に強い印象を与える力をもつ。それは、リュシアン・スキュブラとアンドレ・ルロワ＝グーランの思想――鳥の羽根とさえずりを人間の装身具と音楽のリズムに重ね、人間と動物界をある程度まで結びつけた――に通じる。だが人間の場合、羽根は自然には生えてこない。そのため、自然の産物を集めて文化的な装身具に変える行為は、人間社会の構造を根底から変える飛躍を示すことになるだろう。猛禽類の鉤爪が実際に担った役割（穴あけ用？）や、ネアンデルタール人が意図的に開けた穴が一つもない貝殻の役割が疑問視されるなら、大きな羽根を組織的に収集するという行為は、はるかに深い問いを提起しないはずがない。羽根には、目を引くという視覚的な役割以外に、直接役立つ機能が直感的には見当たらないからだ。

それでは、羽根ならば（ネアンデルタール人の象徴的表現とみなして）よいということか⁉

残念ながら否である。少々皮肉を込めて、羽根は素晴らしい爪楊枝になっただろうし、ネアンデルタール人が爪楊枝を使用したことは歯に残る跡の分析からまさに確認されている、と指摘することもできたかもしれない。だが、私は皮肉屋になろうとは思わない。私の目的は理解することだ。私は私自身の感情や願望や投影を退けて、この生き物をありのままに捉えようとしている。自らを顧みて理解しようとしている。直感に抗《あらが》い、この生き物とはるかなる祖先たちを、目を見開いてよく見ようとしているだけなのだ。何しろ、いまや四二万年以上前の羽根の回収利用が確認されているのだから。

残念ながら、羽根は役立たないもの、食べられないものとして、あまりにも簡単に片付けられてしまった。私たち欧米人の直感では、羽根のなかで食べられる部位はなかなか思いつかない。ここに、狩猟採集社会の多くの失われた知識を示す何かがあるのかもしれない。

ふと、極地探検家ジャン・マロリーの言葉が記憶に蘇る。「私は、狩りをし、橇《そり》を操り、生の肉を食べ、鳥の羽軸《うじく》と腐敗した鳥（名高いキビヤック〔イヌイットやエスキモーが海鳥を発酵させて作る伝統的な食品〕）の骨に含まれる、高カロリーで強烈な香りの薄ピンク色の脂肪をすすろうとしていた」。あの気分が悪くなる文章だ。

羽根はタンパク質を含まない廃棄部分ではないばかりか、そのタンパク質は並外れて高カロリーで、イヌイットにはとくに珍重されている……。

羽根はそれぞれのリズムに合わせて抜け落ち、カニが穴を開けた貝殻とワシの鉤爪の美しい腕輪に加わった……。私たちの想像、幻想、視線、投影から脱落したわけだ。またもや、サピエンスの視線がネアンデルタール人に向けられている。サピエンスは、この生き物にサピエンス風の身なりをさせ、それをもって自身の同類とみなす。私たちは自分以外の人間を想像することができない。

私が二重基準を適用しているとの批判もあるだろう。サピエンスが相手なら装身具と解釈するものを、ネアンデルタール人相手には別のものと解釈しているという非難だ。この非難は、実は皮肉めいた虚構である。受け入れ、理解し、認めることを拒む姿勢がそこにはある。なぜか？

自然に穴が開いた貝殻をサピエンスの装身具と解釈すれば、他方でサピエンスには、意図的に穴を開けられ、間違いなく装身具として使われた痕跡が残る無数の貝殻が確認されていることを否応なしに思い出すことになるからだ。それは、南アフリカのブロンボス洞窟で発見された最古の貝殻の装身具を忘れることでもある。その洞窟の貝殻は約八万年前のもので、すでに加工されており、カニが穴を開けた貝殻を単に組み合わせたものではない。これらの貝殻や猛禽類の鉤爪に微量のオーカーが残っているからといって、その解釈が補強されるわけではない。オーカーは、皮革の処理や日差しからの保護、道具に柄を取り付けるための樹脂作りなど、多数の技術的プロセスで利用されている。先史時代の地面のあちこちにオーカーが見つかるのは普通のことで、その粉末で道具や骨が偶然に染まっていることは珍しくない。オーカーやヘマタイト（赤鉄鉱《せきてっこう》）など、副作用として着色効果をもつ素材が存在していても、人々の美意識が証明されるわけではない。

旧石器時代のサピエンスの遺跡で見つかり、装身具と解釈されている穴の開いた貝殻のなかには、実際はおもりや狩猟用のガラガラ、繊維や紐をぴんと張るための道具など、純粋に技術的な役割しか果たさなかったものが含まれる可能性はある。けれども、サピエンス社会では無数の貝殻の装身具が確認されており、埋葬された遺体がそのような装身具に覆われている例もある。だから解釈を誤ってもとくに影響はない。解釈の誤りは、はるか昔の人々に対する私たちの理解を何ら左右しないのだ。逆に、同じ誤りを、一五〇〇年にわたる研究を経ても加工された装身具の気配を確認できない未知の人類〔＝ネアンデルタール人〕に対して犯すことは、重大な誤りにあたる。過去の実態に対する私たちの理解に、甚大な被害を及ぼしかねない。

対象が貝殻であれ、歯であれ、骨であれ、ネアンデルタール人が開けた最初の穴はただ単にまだ発見されていない。だからこそ私たちは、この人類を自分自身の見方や生き方に閉じ込めることをためらわないのだろう。このような姿勢は、ネアンデルタール人をありのままに研究することを拒否するに等しい。ネアンデルタール人を、ありのままではなく、私たちを重ねた不格好なかかしのように仕立ててしまっている。この生き物を、二度にわたって殺しているのだ。

こうして思いがけない「ネアンデルタール人の象徴」に関する知識で身を固めた私たちは、洞窟美術の起源と、二〇一八年に世界で最も権威ある学術誌の一つを飾った例の研究に立ち向かえるようになった。ネアンデルタール人は本当に、洞窟壁画を描いたのか？

その想定は、この集団について持ち合わせている大量のデータとまったく一致しない。この数十年で浮上している一部の偏った見方には完璧に一致するが、厳密な考古学的事実とはまったく一致しないのだ。まったく！　一五〇年以上にわたる考古学研究で、膨大な量のネアンデルタール人の地層を掘り返してきたというのに、職人が加工した装身具や、正真正銘のペンダントがどこにあったというのか？　マンモスの牙の小像は？　象徴的に飾り立てられた頁岩のプレートは？　ウマやバイソンのモチーフが連なる装飾が刻まれた骨は？　こうしたものは、同じ時期に同じ領域に存在した旧石器社会でも、ネアンデルタール人に取って代わるサピエンスが営む社会では、ほとんど工業的な規模で大量生産されている。

ネアンデルタールは素晴らしい職人である。それなのになぜ、美的、視覚的、象徴的な目的のために素材を加工しなかったのだろうか？　私たちのように異なる立場をとる考古学者が、そのような加工品を見つけていないとしたら、それはそのような品が存在しないか、非常に珍しいせいでまだ遭遇していないか、あるいはその美を認識できないかのいずれかである。そのような加工品がネアンデルタール人の古い洞穴から現れたら、私たち自身の世界観をそこに投影することなく、その深い意味を吟味しなければならない。そのような発見があったら、私たちはいまだに詳しく確認できていない未知の精神領域へと足を踏み入れられるに違いない。それが確認できていないのは、私たちが基本的にネアンデルタール人のうちにサピエンスの姿しか見ていないという理由もあるかもしれないが……。

こうした疑問を抱えつつ、私たちはショーヴェ洞窟の科学チームを率いるジャン＝ミシェル・ジュネストとともに、調査チームを立ち上げることにした。スペインの洞窟壁画をネアンデルタール人のものと認定するための年代測定には、その根拠として物理化学的な測定結果が採用されていたが、そうした測定の内容や手法などを詳細に検証するためだ。同じく『サイエンス』誌に発表された私たちの研究は、この〔世界最古の洞穴美術が見つかったとされた〕スペインの洞穴で得られた年代は、物理化学的根拠を含め、提示された根拠からは有効とは認められないと結論づけた。このネアンデルタール人の洞窟美術は、科学の問題というより、信仰の問題として浮かび上がることになった。

落書きと意味のない模倣

ここまで来ると、ネアンデルタール人の芸術として、たいしたものはもう残っていない。骨や小石、あるいは洞穴の地面に描かれた不明瞭な描線や平行線、交差した線の解釈。描線。落書き……。

一九六二年、高名な動物学者デズモンド・モリスは、注目すべき著作『美術の生物学――類人猿の画かき行動』〔邦訳は法政大学出版局、一九七五年〕を発表した。この本では、サルにチョークや絵筆の使い方を教えたらどうなったかが報告されている。サルは落書きに熱中し、一匹一匹が固有の様式を発展させ、年数を経るごとに、扇型の線だったものが円や十字へと進化していった。デズモンド・モリスは、自身の研究と自身が詳しくない先史時代のデータとを比較することはできなかった。このサルに関する実験と、考古学でネアンデルタール人について明らかにされている事実との潜在的なつながりを提起したのは、二十世紀最大の先史学者に数えられるフランク・ブルディエである。

六〇年経った今、ネアンデルタール人が残したわずかな手がかりを中心として熱心に研究が進められているにもかかわらず、対象を客観的に眺めようとする者ほど、ネアンデルタール人の芸術を理解しようとしても落書き以上のものは見つけられていない。ネアンデルタール芸術の根拠はますます頼りなくなるばかりだ。ということは、この生き物の神経構造は、私たちと大きく隔たっているのだろうか？　私たちの探し方が悪かった可能性もある。探す場所が悪かったのかもしれないし、ネアンデルタール人に対する私たちの思い込みが、かれらの客観的現実を公明正大に評価できるような問いを立てる妨げになっているのかもしれない。

だが、ネアンデルタール人をめぐる矛盾の理由が何であれ、貝殻も羽根も、鉤爪も顔料も、ネアンデルタール人が備えていたかもしれない美意識を証明する出発点にはならない。今のところ、色鮮やかなペンダントでこの生き物を飾り立てるのは、私たちの視線だけである。そして、本来の自分とは異なるものに扮していると、誰でも少し滑稽に見えるものだ……。

この問題は、最初の穴や溝が、そして変わった形や色のものに意図的に手を加えた最初の証拠が見つかり次第、改めて取りあげる必要があるだろう。その際は、こうした行為の意味を問わなければならない。現時点では、証拠がないのでお引き取りを。あるいは逆に、人間性に対する私たち自身の先入観が大きすぎるのだろうか？

そうなると、約三〇万年続いた中期旧石器時代に、ネアンデルタール人の首飾りに関しては何も記録が残っていない。

では、ネアンデルタール人が生きた最後の数千年に現れた装身具については、どう考えればよいのか。この時期のシャテルペロン文化の遺跡からは、意図的に加工した西ヨーロッパ最古のペンダント、穴を開けた歯、輪切りにして手を加えたマンモスの牙、溝を掘った化石が見つかっている。

最後のネアンデルタール幻想の崩壊？

名作小説の結末は、最後の数行で解き明かされる。物語の全容を鮮やかに照らしだし、読者の認識を覆すわけだ。ネアンデルタール人についても同じである。私たちは長年、最後の工芸品や道具など、かれらが絶滅する前に残した才能の証《あかし》に向き合うことで、相手を理解できるのではないかと期待してきた。幕が下りる前のフィナーレ、ポーカーのプレーヤーが手の内を明かして勝負が決まる最後の瞬間を待ちわびていたのだ。そのため、長きにわたるネアンデルタール芸術の探求は、かれらの空白に等しい象徴性の実態に直面することになった。装身具なし。洞窟壁画なし。模様を刻んだ骨や石もなし。そこで探求が向かったのは、わずかな落書きを必死に探し、そこにネアンデルタール人の独創的な表現を認めようとする作業だった。まさに、雲に形を見出してしまうパレイドリア現象、空想の産物である。シャテルペロン文化など、ネアンデルタール社会の最後の文化的表現には注目すべきデータが現れているようだったが、この探求からも満足できる結果は得られなかった。

「シャテルペロン」という先史時代の文化は、西ヨーロッパのごく一部の地域に限定されていたようである。フランスではおそらくピレネー山脈とブルゴーニュ地方に挟まれた地域に限られ、地中海沿岸部や、ヨーロッパ大陸でも有数の移動経路である広大なローヌ川流域は含まれない。シャテルペロン文化の見事な伝統を受け継ぐ遺跡は、イベリア半島のカンタブリア海沿岸と地中海沿岸の孤立した地点にも認められる。この文化は年代も明確に定まっている。ネアンデルタール人にとって最後の数千年にあたる四万年前から四万五〇〇〇年前頃にかけて、従来のネアンデルタール人の伝統に取って代わるからだ。七〇年以上前から、大方の研究者は、シャテルペロン文化がネアンデルタール人の最後の集団に対応すると考えてきた。ただ、私自身を含む一部の研究者は、その考えに激しく反論している。なぜなら、よく観察するとわかるが、シャテルペロン文化の起源と、同じ地域で知られているネアンデルタール人の知識や技能との結びつきは、ごく表面的なものでしかないからだ。

何しろシャテルペロン文化では、ムスティエ文化のどっしりした剝片《はくへん》の石器が、最終的にはすっきりと細い刃をもつ石器へと完全に交代している。これらの比較的統一のとれた背つき尖頭器《せんとうき》は、それ以前のネアンデルタール人が加工した石器とはあまり似ていない。

一方、その後ヨーロッパを占拠することになる現生人類の道具や武器とは明らかな共通点がある。そのため研究者たちは、ホモ・サピエンスがヨーロッパに拡散しつつあるまさにそのとき、ネアンデルタール人はシャテルペロン文化を通して、自分たちの技術を世界の新秩序に合わせて再構築したのだろうと主張する。どうしたらそのようなことが可能になるのか？　ネアンデルタール社会は、数十万年にわたり構造的変化のない工芸技術を安定して維持してきた。そのような社会がとつぜん新たな発明を成し遂げ、しかもその新たなやり方が、後継者サピエンスが先史時代の最後の三万年を生きていくための基礎になったとは、いったいどんな偶然なのだろう？

一九五〇年代から、ブルゴーニュ地方アルシー＝シュル＝キュールにあるレンヌ洞窟では、シャテルペロン文化の住居跡の発掘が行われ、アンドレ・ルロワ＝グーランに「すべての層から、ささやかながら人間の遺物」をもたらしている。それは主に人間の歯だった。その特徴的な形から、これらの見事なシャテルペロン文化の産物を生み出したのはネアンデルタール人だったと考えられている。先史時代の工芸品は注目に値するもので、動物の骨と牙を加工した素晴らしい装身具も出土した。骨やトナカイの枝角を使用した多数の尖頭器、化石のなかに見つかった穴の開いた小ビーズ。そこでは数十万年にわたって抑制されていた先史時代の加工技術が、とつぜん進化していた。シャテルペロン文化の新たな生き方に現れていたのは、まったく新しい世界、まさに現代性である。

この文化がネアンデルタール人のものであることは、この名高いシャテルペロン文化に帰せられていた考古学区画ことサン＝セゼール遺跡でかれらの骸骨が発見されたことで、早くも一九七九年に確定する。となると、ネアンデルタール人は、ほとんど初期の頃から世代を経て受け継がれ、慣れ親しんできた自身の技術領域や独自の精神世界と、突如として決別したことになる。ネアンデルタール人のこの新たな世界は、動物由来の素材を使用した大量の加工品を通して見えてくる。それらは、個人と集団を象徴的かつ美的な方法で主張する記号の役割を完全に表現していた。

したがって、ネアンデルタール人社会の仮面が剝がれるのはゴール地点、まさに絶滅の瞬間である。かれらの社会は完全に人間的なもので、三〇万年以上にわたって一度も変化がなかった技術の停滞は、かれらの本性、すなわち現代的な性質を隠す、独自の文化的選択の表れでしかなかった。

この創造性の開花とホモ・サピエンスのヨーロッパ到来のありそうもない一致を前にして、ネアンデルタール人は自分たちの土地に進出してきた現代人をただ模倣しただけの冴《さ》えない集団にすぎなかったのだ、という批判が出た。この生き物は、意味を理解しないまま模倣し、オウムのように文法を無視して文章を繰り返したのだ、と。しかし、アルシー

＝シュル＝キュールのシャテルペロン文化に属するさまざま土層からは、意味深な遺物が数多く出土した。その数は、おそらくヨーロッパ大陸全体で見つかった初期現生人類の考古学的遺物を合計したよりも多い。ここに、天才的なネアンデルタール人に対する、現代の新たな技術を模倣する生き物という奇妙に絡んだ謎が存在する。これは二つのイデオロギーの対立である。しかし、対立しているのはネアンデルタール人と現生人類ではなく、私たちだ。科学界は相容れない二つの立場に分裂している。ネアンデルタール人は絶滅したのだから、もはや私たちの意識のなかにしか存在しない。科学においても私たちの意識においても、単純な解決策などない。

この問題は三〇年以上前に決着がついたように思われていたが、二〇一〇年、オックスフォード大学の研究室が新たな情報をもたらした。かれらの研究では、炭素14による年代測定の大規模データに基づき、アルシー＝シュル＝キュールのシャテルペロン層が詳細に分析された。結果は大きな議論を呼んだ。アルシーのシャテルペロン文化の遺跡の年代は、二万五〇〇〇年前から四万五〇〇〇年前までの、およそ二万年間に及んでいたのだ。ところが、シャテルペロンの伝統が続いた期間は、四〇〇〇年から五〇〇〇年程度でしかない。早い時代の発掘は、念入りに行われたとはいえ、明確に区別できる年代の出土品を切り離せず、性質も年代もまったく異なるものを一緒にしていた。こうした大規模な混同に対し、些細なものだという見方もあれば、致命的だという見方もあり、激しい論争が巻き起こった。それはいまだに続いている。研究者の立場は二分され、譲歩も現実的な対話もままならない。

独白は金なり。アルシーのシャテルペロン遺跡で、ネアンデルタール人の演じた役割が、歌の師匠だったのかオウムだったのかは誰にもわからない……。

別の遺跡があれば、この問いに新たな光を当てられるだろう。一九七九年の発見の舞台は、シャラント＝マリティーム県のサント近くにある小さな町、サン＝セゼールである。発掘を指揮したフランソワ・レヴェックのこてが、ネアンデルタール人の遺骸に当たる。発見は大きな注目を集めた。ネアンデルタール人の遺骸は希少なのだ。実際、このとき以来、フランスではほかに一体も見つかっていない。同じくらい重要なのは、この遺体がシャテルペロンの層に含まれていたことである。これで、この最初の現代的な伝統の担い手をめぐる議論に決着がついたように思われた。だが、約四〇年後の二〇一八年、ブラッド・グラヴィナとジャン＝ギヨーム・ボルド率いるボルドー大学のチームが、サン＝セゼール遺跡の出土品と遺骸の関連に疑問を投げかける。同チームはネアンデルタール人の遺骸がより古い時代の住居跡に属するかもしれないと指摘し、例のシャテルペロン文化の担い手については何の情報ももたらさない可能性を示唆した。

再び、西ヨーロッパで最初の現代的な文化を生み出した集団を特定できる遺跡は、アルシー＝シュル＝キュールのレンヌ洞窟の層序だけになったようだ。しかし、すでに見たように、アルシーの土層全体は激しい議論の的となっている。新たな発見がないため、人々はアルシーのわずかな骨に無理やり語らせようとしており、資料の年代や均質性の問題を克服するために、生体分子分析と直接年代測定（炭素14（放射性炭素）年代法は測定法の一つ）を繰り返している。だが、それは被告に拷問を加えて自白させるようなものだ。承知のとおり、この時代については、炭素14年代法の信頼性が非常に低い。加えて、生体分子分析は、骨に含まれる古いタンパク質の分析に基づくと、ホモ族のなかでもサピエンスとネアンデルタール人（＝ネアンデルターレンシス）の間には、明確な区別が存在するという主張を根拠としている。現時点で、この論争は決着にはほど遠く、アルシーの土層で見つかった歯が間違いなくネアンデルタール人のものだとしても、シャテルペロンの工芸品との結びつきは確実とはいえない。そのうえ、アルシーの工芸品の分析では、現代的な技術と従来のネアンデルタール人の技術の驚くような組み合わせが明らかになっている。ガロ・ロマン時代（帝政ローマ支配時代のガリアのこと）の村でトランジスターが見つかるようなものだ。

シャテルペロン文化はフランスで最初に確認された現代文化の一つだが、一九七〇年代以降は、この社会の詳細な構成に関する新たな知見をもたらすような、石器や人間の遺骨・遺骸を含む完全な層序は新たに見つかっていない。この文化の担い手は誰だったのだろうか？　サピエンスか、ネアンデルタール人か？

過去四〇年で発見された新たなシャテルペロン文化の遺跡では、人間の遺骸は一つも見つからなかったうえ、出土した骨もとるに足らないものだった。遺骨なくして、どうやってこの集団を特定できるのだろう？　かれらの狩猟や食料調達戦略や組織のありようを感じ取ることは、もはやできない。四〇年の間にシャテルペロン文化の数少ない新たな遺跡から得られたのは、土壌と時間に蝕《むしば》まれたわずかな骨だけである。このことで、シャテルペロン社会に対する私たちの正確な理解は直接的な影響を受けている。この伝統を生み出したのがネアンデルタール人なのかサピエンスなのかについては、シャテルペロン文化との結びつきを保証できるものがもう何もないサン＝セゼールの骸骨を除けば、六〇年以上前にただ一つの遺跡から掘り出された遺物に頼るしかない。以来、小さな人骨のかけら一つ、歯の一本として見つかっていないのだから。骨製の道具も、マンモスの牙とトナカイの枝角を使った装身具も、このような工芸品が現れたその瞬間に姿を消してしまった。それは控えめにいっても極めて残念なことだ。何しろ、後期先史時代の始まりを画し、ヨーロッパにおけるネアンデルタールの時代からサピエンスの時代への移行を示すのは、まさにこれらの工芸品だからである。

シャテルペロン文化という現代の壮大な物語は、ネアンデルタール人の業績である可能性もおおいにある。しかし、このトランジスターみたいな遺物は、古代ローマのものではないかもしれない。私たちはその電子部品に目を奪われることで本筋を外れ、しかも少々早まって、この生き物を無理やり私たちみたいに変身させているのかもしれない。

急速に進歩している古遺伝学によって、最終的には、シャテルペロン文化の担い手が期待される集団ではないことが証明される可能性もある。では、この文化がネアンデルタール人社会の最後の表現ではなく、ヨーロッパへのサピエンス集団の到来を示すという可能性はあるのだろうか？

私はこの問いを、一切の先入観なしに提起している。また最近の論文では、一切のタブーを恐れず、シャテルペロン文化の構造と地中海東岸地域〔レヴァント地方のこと〕で確認されている同時代の伝統の構造との間に見出だせる、驚くべき関係を解き明かした。この研究では、レヴァントがこの文化の揺籃《ようらん》の地にあたるだろうと指摘している。だが、レバノン山脈周辺でこの技術的伝統と結びついているのは、疑いの余地なく現世人類である。

この仮説によって、私たちは西ヨーロッパにおける最初の現代的伝統の捉え方を見直すよう迫られ、結果的として、シャテルペロン文化をホモ・サピエンス独自の領域に改めて位置づけることになる。

現状では、この疑問を念頭において研究を進めることが重要だろう。今後の研究によって私の仮説が正しいと認められた場合、ネアンデルタール芸術の存在を支えるデータの不確かさを踏まえると、ネアンデルタール人とサピエンスがたどった進歩の道筋が合流し、しかも驚くほど同時に象徴的思考に到達したと考えられるような確かな科学的根拠は、何一つとして残っていない。

研究者か愛好家かを問わず、この章を読んで驚く人もいるだろう。それほどまでに、主要学術誌や一般大衆向けのメディアは、ネアンデルタール人を人間中心主義の狭い視野に閉じ込めてきたのだ。私に言わせれば、このような見方は考古学的事実の乱用である。ネアンデルタール人の物質的・非物質的生産に関する明白な現実に目を向けさせることもなければ、かれらの精神構造について詳しい情報を与えることもない。

だから、この「ネアンデルタール人の儚い芸術」についての一節を読むことは、単なる脱構築の練習ではない。狙いは挑発することでも、根拠もなくこの生き物の本質に疑問を呈することでもない。議論の中心をネアンデルタール人の物質的実態に差し戻し、かれらの歴史的・動物行動学的真実がどのようなものであったかを問うことだ。私たちはネアンデルタール人についてほとんど何も知らないのだし、かれらを私たちと同じ姿に変装させるのは直ちにやめなければならない。

不格好なかかし

皆さんは、地下鉄でネアンデルタール人とすれ違ってもそうとわからないだろう、という話を聞いたことがあるかもしれない。実は、それも嘘なのだ。

ネアンデルタール人に関する書籍やインタビューには、この話のバリエーションが無数に見つかるだろう。研究者は一般に、このたとえ話の出どころをウィリアム・ストラウスとアレクサンダー・ケイヴの論文だとしている。ネアンデルタール人のタイプ標本〔新しい学名の基準となるただ一つの標本のこと〕の発見から一〇〇周年を記念し、一九五七年に出版された論文だ。だがこのたとえ話は、その二〇年近く前にカールトン・S・クーン教授〔アメリカの人類学者〕によって書かれている。クーンはヨーロッパの人種に関する一九三九年の著作*のなかで、ひげを剃り、スーツにネクタイ姿でニューヨーク風の帽子をかぶったネアンデルタール人のイメージを用い、「私たちが抱く集団間の『人種の差異』の印象

* Carleton Coon, *The Races of Europe*, Macmillan, 1939（William Z. Ripleyによる一八九九年の著作の改訂）。

1939年に人類学者カールトン・S・クーンが著書『ヨーロッパの人種（Races of Europe）』（The Macmillan Company）に掲載した図版
cf. https://archive.org/details/in.ernet.dli.2015.222580/page/n5/mode/2up, p. 24

が、多くの場合は髪型やひげの有無、服装に大きく影響されることを説明」した。一九三九年といえば、人間集団の分類をめぐる概念が、西洋を悲惨な全面戦争に陥れようとしていた時代である。同じ一九三九年、クーンはモロッコのタンジェ地方の洞窟で上顎骨《じょうがくこつ》の破片を見つけ、ネアンデルタール人のものだと判断する（現在ではそれが、実際にはホモ・サピエンスのものだとわかっている）。クーンは同書で、ヨーロッパの人々を一七の人種に分類し、一部はネアンデルタール人との混血として、ヨーロッパの地中海沿岸地域の「純粋なサピエンス」と対置している。トリルビーハットをかぶり、ニューヨーク・ファッションに身を包んだネアンデルタール人のイメージは、ネアンデルタール人を再評価するアプローチではなく、むしろ物議を醸《かも》すような考え方に基づいていた。クーンは、世界のさまざまな地域における入植の連続性と、その結果もたらされる形態的特徴の連続性を想定していたのである。

地下鉄に乗るネアンデルタール人のイメージは、本来この生き物の再評価を意図したわけではなかったが、純粋な想像の産物であることに変わりはない。しかも、ちょうど頭部の上半分、眼窩から後頭部にかけての最も目立つ形態的特徴の大部分が帽子で隠れている。眼窩上隆起、うしろに傾斜した額、大きな外後頭隆起《がいこうとう》のことだ。確かに、地下鉄のなかのネアンデルタール人が布やヴェールや変装用の衣装で覆われていたら、誰も見分けられない。だが私たちは、オオカミが自らの牙の犠牲となった者をまねるグリムとペローの童話の世界にすっかり引き込まれている。「おばあさんはそこに寝ていましたが、顔が頭巾ですっぽり覆われ、なんだかいつもと様子が変わっていました」というわけだ。ちなみに、オオカミにとっても、ネアンデルタール人にとっても、物語は変装した者の悲劇的な最後で幕を閉じる。

こうして、都会人に変装したり密かに地下鉄のなかをさまよったりするネアンデルタール人のイメージは、一九三〇年以降、一般大衆向けの発言や展示のなかに定着した。都会人になったネアンデルタール人は、その後名誉を回復したのだろうか？　ネアンデルタール人は、私たちみたいな姿に変装させられ、私たちの幻想に囚われた視線によって生み出された存在であり、西洋的なイメージを見事に象徴する。私が言いたいのは、妻の髪の毛をつかんで引きずる原始人のような、よくあるおもしろおかしいイメージのことではない。被害はもっと深刻だ。一世紀近く前に出現したこのイメージは、まさに科学界によって、世代を越えて維持されてきた。地下鉄に乗るネアンデルタール人は、最近の科学的発見に立脚したこの生き物の再評価などではない。それは私たちが構築したもの、すなわち神話やイメージに属するものだ。地下鉄のネアンデルタール人は純粋にイデオロギーに基づく創作であり、ネアンデルタール人については何も教えてくれない一方、私たち自身の社会やタブー、および差異の概念に関する知的厳格主義については雄弁だ。

単なるネアンデルタール人の表現が、ここでいかに大きな意味をもつかがわかる。ネアンデルタール人に特徴的な骨格は、この絶滅した集団がどのような存在だったかを理解するために、本質的にはあまり重要ではない。ネアンデルタール人が実際、ある瞬間において私たち「スーツにネクタイ姿のホモ属」に紛れ込める能力を備えていたのであれば、頭蓋骨の形など些細なことでしかない。頭蓋骨の形は、所詮は空っぽの殻にすぎない。それは初期のコンピューターでも形態学的に分類・分析できるわかりやすい部分であり、人工知能に頼るまでもない。今日、ネアンデルタール人の頭蓋骨のなかに入っているのは空気だけだ。たとえ高解像度でスキャンしても、かれらを規定していた精神構造についてたいした情報は得られないだろう。ネアンデルタール人の「深層」ともいうべき存在の本質は、頭蓋骨のいかなる骨組織にも化石として残ってはいない。頭蓋骨の殻のなかにあるこの無形の素材を理解するには、この生き物を深く知る必要があるが、人類学者も遺伝学者もこの分野では無知に等しい。思考の構造は本質的に捉えにくく、解釈に左右されるからだ。足がかりを得るには、ネアンデルタール人が残した最もその内面に近い痕跡を知らなければならない。

その痕跡とは、この集団がもっていた技術的知識、その適用方法、自然界・鉱物界との関係、生者の世界と死者の世界に対する認識、自己認識と他者認識のことである。すべてがそこにかかっている。だからこそ、私たちは無意識のうちに、スーツにネクタイ姿のネアンデルタール人のイメージにためらうことなく自己を投影する。なぜなら、この場合〝衣ばかりで和尚はできる〟からである。確かに、それが生き物に人間性を与え、押しつけるのだが、この人間性は私たちにとっての人間性でしかない。伝統的な社会であれ、決定的にグローバル化した社会であれ、あらゆる人間社会において、服装規範《ドレスコード》は社会的地位と人間性の地位の両方を定める。このことは同時に、無意識のうちに潜む文化的差違だけが、人間と人間以下を区別するということも意味する。私たちとネアンデルタール人を明確に区別するかもしれない、脳容量の差を測定するまでもないわけだ。衣服による表現と人間性の概念を扱った民族誌学の文献は豊富にある。サン＝テグジュペリは、この点に限らずすべての点において、西洋が反省もなく自らの民族的な規範に囚われた社会であることを私たちに思い出させてくれる。「星の王子様の故郷が小惑星B612だと思うのには、ちゃんとした理由がある。一九〇九年に、あるトルコの天文学者がこの星を望遠鏡で一度だけ観測した。そこで、彼は国際天文学会でこの発見について立派な発表を行った。だが、彼の服装が変わっていたので、誰もその話を信じなかった。大人とはそういうものだ。小惑星B612の名声にとって幸いなことに、トルコの独裁者が国民にヨーロッパ風の服装を義務づけ、守らなければ死刑に処すると決めた。天文学者は一九二〇年に、洗練された装いでもう一度発表を行った。今度は誰もが彼の意見に同意した」

サン＝テグジュペリはこの一九四二年に書かれた鋭い文章で、自己表現にまつわるある構造を指摘している。一九四二年といえば、自身の歴史に囚われた大人たちが、最も醜い顔を露わにしようとしていた時代だ。サン＝テグジュペリは、個人と集団を外見で判断することがいかにばかばかしいかを描いた。それはまさに、わがネアンデルタール人が地下鉄に姿を現し、私たちと同じ格好をしているからという理由で再評価された時代のことでもあった。

再評価の名目で、当人の文化に属さない服装や格好を用いて個人を歪曲することは、実際には同化にあたる。視線をこの方向に向けると、私たち自身の投影というううわべだけの善意に満ちた層の下に、西洋史のお世辞にも輝かしいとはいえない時代を想起させる陰湿な現実が浮かび上がる。地下鉄に乗るネアンデルタール人のイメージを見ると、ジョージ・ワシントンとヘンリー・ノックスが推進した「アメリカ先住民の文化的同化政策」が否応なしに思い浮かぶ。この政策によって、アメリカでは一七九〇年から一九二〇年まで、先住民の文化を強制的に変容させる取り組みが展開された。一八七九年、リチャード・ヘンリー・プラット大尉がカーライルに創設した、先住民に同化教育を強制する学校のスローガンは、「インディアン性を殺し、人間性を救う」だった。生徒たちは髪の毛を切らされ、自分たちの言語と伝統と民族衣装を捨てさせられた。そして英語を話し、アメリカ人の服装をするよう強制された。アメリカではこの政策が、スーツにネクタイ姿のネアンデルタール人の肖像ができあがる約一〇年前にもまだ適用されていた。

アントワーヌ・ド・サン＝テグジュペリ
『星の王子様』の挿絵 © Éditions Gallimard

したがって、ネアンデルタール人にニューヨーク風の帽子をかぶせることは、よく考えると危険をはらんだ遊びである。火遊びをすると、必ず火傷《やけど》をする。帽子が額の狭さを隠すことが問題なのではない（そもそも骨格は、その集団の認知能力を示すものではない）。このような形で演出して見せることによって、さらには一世紀近くもそのイメージを維持することによって、ネアンデルタール人がどのような人類だったかを分析したり、理解したりする可能性が失われるのが問題なのだ。現在この〔帽子をかぶせる〕アプローチは、一般大衆の無意識に働きかけることに重点を置くようになった。一般の人々は、高校修了までの教育で正確な情報を与えられていないため、ネアンデルタール人についてせいぜい限られた知識しかもっていない。そこへ、議論の余地のないイメージを刷り込み、押しつけようとしているのだ。ネアンデルタール人？　かれらは私たちと同じ人間だった。以上。この「私たちと同じ人間だった。以上」は偏見そのものであり、科学的観点から見れば嘘である。この嘘には、文字どおり私たちの想像の産物や、過去の現実の捉え方が閉じ込められている。それは単なる一般大衆に向けた嘘ではない。実際、科学的発見をめぐる報道の過熱という競争のなかで、科学界に直接的な影響を及ぼしている。メディアの目的は常に、この集団の絶対的な人間性（＝私たち、私たちと同等の人間、私たちの鏡像）を明示し、証明し、議論を決着させることだからだ。では、この生き物には、自身の名誉を回復し、私たち（あるいは私たちがそうであると自惚《うぬぼ》れている存在）に並び立つために、私たちが用いる概念が本当に必要なのだろうか？　ネアンデルタール人は、すでに一九二九年には、多くの研究者の文献や思考のなかで、私たち自身の視点に基づく「スーツとネクタイ姿のホモ属」に仕立てられていた。どう考えても現在のネアンデルタール人は、見習い魔法使いが操作する骨抜きにされた不気味な操り人形でしかない。

1882年にカーライル学校に入学した当時のナバホ族のトム・トルリノと、3年後の姿（National Archives and Records Administration, RG 75, Series 1327, box 18, folder 872, http ://carlisleindian.dickinson.edu/student_files/tom-torlino-student-file）

ここで、アメリカ先住民と西洋人の違いは、当然ながら技術的・文化的伝統の点に限られていたことを認識する必要がある。一方、ネアンデルタール人は、文化的・生物学的・民族学的という三重の面で化石化した人類である。となると問題は、ネアンデルタール人の生物学的特徴が、その動物行動学的特徴の原因であるかどうかを判断することだ。残されているかれらの工芸品の九九・九パーセントが、堅石《けんせき》（燧石、石英《せきえい》、黒曜石、珪岩）で作られた石器である以上、この集団の精神構造を教えてくれるのは、こうした道具の分析だけである。だが、こうした道具は、その職人たちについて何を教えてくれるのだろう？　また、かれらと同時代に生きたほかの人類について、何を教えてくれるのか？もちろん、考察の対象をその技術的能力に留めるわけにはいかない。それはあくまでも技術的なものにすぎないが、私たちの人間性を定義し、区別するのは、まさに素材に宿る魂であり、道具類に込められた文化的・象徴的・超越的な価値だからである。モノには、私たちの記号や非合理性がまとわりついている。

誰もが直感的に知っていることだが、モノが何よりも私たちの幻想の表現ではなかったら、ゴッホの絵などぴんと張った布に付着した絵の具のシミでしかなかっただろう。これらの装身具や芸術、つまり素材に投影された魂の非合理的な形はすべて、考古学的観点から容易に認識できる。また、そうしたものはホモ・サピエンスの初期の社会にも、ヨーロッパの後期旧石器時代の全期間を通じても、ネアンデルタール人が手放したのちに新たな人類が繁栄したまさにその領域で、すでに大量に確認されている。サピエンスによるこの非合理的な形は、加工した無数のビーズ、人や動物をかたどった小像、笛、洞窟壁画、動物の牙や骨、石や岩壁などあらゆる素材に描かれたり刻まれたりした具象的・抽象的な表現によって認識できる。

このような私たち自身の投影を、ネアンデルタール人の場合にも求めたわけだ。少し削られたり、微妙にこすれたりした骨片が少しでも見つかれば、必ず綿密な調査の対象になった。どれほど細かい線でも解釈し、そこに魂を見出さなければならなかった。精神よ、お前はそこにいるのか？　と。

第六章　人間という存在を解き明かす

ネアンデルタール人が決して私たちの同類ではなかったとすれば、今度はかれら固有の人間らしさがどのようなものであったかを明らかにする必要がある。こうしたアプローチは魅力的であり、私たちサピエンスが何者なのかを根本から探ることにも通じる。唯一の人類としてではなく、一つの人類としての私たちの本質を探ることに。

自己認識について

二〇二一年四月、ネイチャー系列の科学誌『モレキュラー・サイカイアトリー』にある研究が発表された。フランスの大手メディアではあまり取りあげられなかったが、この研究の狙いは、人格の主要な三つの側面である感情反応、自制心、自己認識に着目し、人間の創造性の出現を解読するという興味深いものだった。そこでは、ネアンデルタール人には、感情反応についてはチンパンジーに近い遺伝子構造、自制心と自己認識についてはチンパンジーと現生人類との中間に位置する遺伝子構造が存在し、そうした遺伝子構造のあり方が、かれらの創造に関わる潜在能力、自己認識、社会性のある行動に直接影響していることが明らかにされた。

間違えないでほしいのだが、このような分析をしても、ネアンデルタール人を私たちの同類として単純化しようとする研究者の視線は少しも変わらないだろうし、かといって、こうした研究者の立場は教条主義的な姿勢だけに基づくものでもないだろう。人間の特質を決定することは、分子構造を分析したからといって、プラトンが人間を羽根のない二足動物と定義した古代と比べて容易になるわけではない。実際、この研究は、見かけが純粋に科学であるために強い印象を与えるのかもしれないが、遺伝学者も形質人類学の専門家も、この絶滅したネアンデルタール人社会の社会的・精神的・民族学的・文化的構造に立ち向かえるだけの用意はできていないことを記憶に留めておこう。

とはいえ、これらの研究は、注意喚起と重大な警告を含んでいる。注意喚起は、これら三つのヒト亜科が共通の祖先をもつ点に対してだ。時間上の分岐点をいうなら、人類とチンパンジーの両方の祖先であるヒト亜科の動物が存在していたのは、およそ一〇〇〇万年前である。この時間的距離は、私たちとネアンデルタール人が分岐した約五〇万年前の二〇倍でしかない。ネアンデルタール人と私たちを隔てるこの五〇万年は、両集団の神経構造に何の影響も及ぼしていないだの、両者は別々に進化して同じ目的地（私たちの同類）に到達しただのという前提は、厳密にいえば、新たな創造説にあたる。ついに人前に出せるようになった、創造説2.0だ。遺伝学によれば、私たちとネアンデルタール人は、圧縮不可能な時間の厚みによって隔てられている。私たちをチンパンジーと隔てるのに一〇〇〇万年で十分なら、この五〇万年を軽くみることはできない。そしてこの研究は、その強力な警告となっている。

急いで考古学的資料に立ち戻る必要がある。資料にあたり、絶滅した人類が残した古代の道具類に立ち返り、それらに問いを投げかけることだ。私たちの祖先とこのはるか昔に存在した集団との出会いについても問わなければならない。だが、同じ領域内で異なる人類が出会ったことはこれまで実証されたことがなく、どこであろうといまだに考古学的には見えない。現時点では、この出会いは、両集団の交雑があったことを示す遺伝子情報を通してのみ推論できることであって、二つの人類の奇妙な邂逅《かいこう》を正確に裏づける考古学的遺跡は一つもない。両集団は、私たちにとってあまりにも遠い昔の存在であり、残されている要素は、このような邂逅を証明するにはあまりにも儚く、数も少ない。これは嘆かわしいことである。異なるヒト型生物が出会った瞬間は、人類の歴史における極めて重要な節目となるからだ。おそらくそのとき、私たちホモ・サピエンスは、地球上での急速な発展における大きな転換点を迎えたのだろう。旧世界全体に私たちの種がどう拡散していくかが決まったのは、こうした節目でのことである。これらの瞬間は、私たちの祖先の技術的発展と表現形式の決定においても重要な鍵となる時期に違いない。レヴィ＝ストロースによれば、人間社会は各集団がその特異性をそれぞれに主張し、ほかの集団とは一線を画し、独自性を示す必要によって変化している。集団間の隔たりではなく、むしろその近さや接触こそが、文化的多様性の表現をもたらすのだ。集団どうしが似ているからこそ、自分たちが何をもってどのように人間であるのかを表現する必要性が生まれる。視覚的コミュニケーションを通じて、自分たちの独自性と、「あちら側の人々」が完全な人間ではないことを示そうとするわけだ。このように自分たちと他者とを区別する必要性は民族誌学の古典的なテーマだが、ここでは二つの異なる人類の間でその必要性が表明されている。二つの人類の出会いがその社会と文化に与えた刺激は、両集団の表現形式全体に根本的な影響を及ぼしたに違いない。

しかし、最後のネアンデルタール人と最初の現生人類の痕跡を両方とも保存することができたヨーロッパの数少ない遺跡では、それぞれの集団がそこで暮らした時期の間に、正確にはどのくらいの時間が経過しているのだろうか？　それは永遠の問いである。私は一九九八年からローヌ川を見下ろすマンドラン洞窟で調査を行っているが、この遺跡では、人類が交代するこの特異な瞬間を裏づけることができる。ある日、発掘現場で、二つの石器が出土した。一つは黒い燧石《すいせき》を打ち欠いて作られたムスティエ尖頭器で、ネアンデルタール人の仕事としてはごくありふれたものだ。もう一つは白い細石刃《さいせきじん》で、分析したところ、間違いなく現生人類によって作られたものと判明した。二点の石器は直に接触した状態で出土した。物理的な接触を図示したような興味深い証拠だが、解釈は容易ではない。二つの集団は同じ時期に洞穴に暮らしていたのか？　ネアンデルタール人の尖頭器は、サピエンスが細石刃をそこに捨てるまでの一〇〇〇年間、ずっと地面に置かれていたのではないか？　よく考えてみれば些細なことにすぎない。では、二つの社会を代表する二つの石器の物理的な結びつきが、実際に起こったかもしれない両集団の出会いの実態について何も教えてくれないなら、これほど重要な問いにどう取り組めばよいのか？　遺骨から得られる情報と物理化学的分析に基づいた場合、行き着くところは同じ袋小路だ。炭素14年代法では数百年か数千年単位の精度しか得られず、ある領域内で二つの集団が同時期に存在したかどうかを知ることは到底できない。ヨーロッパにおける両集団の同時代性は、ネアンデルタール人の末期の住居とホモ・サピエンスの最古の痕跡の年代分析に基づいて示されたものである。あくまでも統計的確率にすぎず、歴史的・民族誌学的な現実を示すものではない。ヨーロッパでは、両集団の出会いは目に見えず、一度も起こらなかった可能性もある。人類史上、最も重要な出来事の一つについて、私たちがこれほどまでに何も知らないという状況には、まったく唖然《あぜん》とする。

火の記憶について

このような行き詰まりは、マンドラン洞窟における私の調査だけに関わるわけではなく、科学界全体の知識の発展にとっても足かせとなる。この障害に対し、私たちは幸運にもマンドラン洞窟で、壁面の断片の分析に基づく注目すべき手法を開発することができた。この手法では、先史時代の人々が洞穴内で火を焚いたときに天井に付着した煤を調べる。調査はセゴレーヌ・ヴァンドヴェルドによる博士号取得に向けた研究の一環として実施され、顕微鏡での分析により、旧石器時代の狩猟民のそれぞれの滞在状況が初めて明らかになった。マンドラン洞窟の壁に堆積した煤は、はっきりと見分けられる痕跡を残しており、この調査では、ネアンデルタール人の焚き火とサピエンスの焚き火を明確に区別することができた。この「火の記憶」こそ、まさに私たちが年代記《クロニクル》と呼んできたものである。一五年近く作業を続けた末に手に入れた天井の標本には、なんと八万年以上という長い時間にわたる先史時代の居住状況の全容が記録されていた。

一四年にわたる調査を経て、この非常に精度の高い分析から思いがけない発見が得られたわけだ。煤の薄膜《はくまく》を調べた結果、二つの人類がこの洞窟に滞在した時期は、一年と隔たっていないことが明らかになった。ここで見積もられているのは、あくまでも最長期間である。つまり、ヨーロッパで初めて、限定された地域における二つの人類の実際の出会いが確信できたということだ。二つの人類は、まさにこの土地で物理的に出会ったはずである。今のところ、この年単位の精度を超えることはできないが、二つのヒト集団が明確に限定された領域で実際に同時代に生きていたこと、ローヌ川中流域という両集団が暮らしていた土地で、ひいてはこの洞穴のなかで出会いが起こっていたことの証拠が、初めて手に入った。

マンドラン洞窟には、八万年近くにわたって定期的にネアンデルタール人が滞在していたが、この出会いの瞬間がヨーロッパ各地におけるネアンデルタール社会の終焉にもあたるという事実は、不運な偶然としては片付けにくい。この出会いの瞬間以降、ネアンデルタール文化の痕跡がもはや見当たらないだけでなく、大陸辺縁部の数少ない領域を除くと、この集団は生物学的な意味で姿を消しており、すでに取りあげた北極圏に避難した可能性が示唆される。

　多くの同僚研究者とは異なり、私はネアンデルタール人が寒波で死滅したり、雪が日差しで解けるように蒸発したりしたとはまったく考えていない。そのため当然ながら、ネアンデルタール人が消えた理由は、基本的にはこの別の人類の登場と関係があると結論づけている。マンドランをはじめとする各地での両者の関係がどのようなものであったにせよ、明らかに極めて活動的だった現生人類の新たな集団はこの地域に住み着き、数万年前からこの土地に根を下ろしていた先住のネアンデルタール人に取って代わった。サピエンス集団は、ただ単に少しずつ移動し、数百年か数千年かけて西方へゆっくり移住してきたのではなく、まさに征服者だったといえる。考古学的記録によれば、数回にわたる移住の波があったようだ。私はその波を三つにはっきり区別できると考えている。最初の二つの波では、この地域に決定的な勢力を広げることに失敗したのだろう。それに対して三度目の波では、一様な文化を有する集団が本格的に入植し、大陸全体に急速に勢力を拡大している。これがオーリニャック文化〔旧石器時代後期に属する文化。時期的にはムスティエ文化のあとで、およそ三万六〇〇〇〜三万年前に栄えた〕の初期の形であり、その子孫がローヌ川流域の同じ地域で、のちにショーヴェ洞窟の壁画を描くことになる。ネアンデルタール人は場所を譲ったのち再び戻ってくることはなく、紀元前四二千年紀頃にその系統は各地で途絶える。ここマンドラン洞窟では、わずか数シーズンで交代が起こったことがわかっている。言い換えれば、ネアンデルタール人は突然身を引いたということだ。この唐突さは、数百年・数千年単位より細かい精度で年代を測定できない炭素14年代法など、私たちに許された分析精度の産物ともいえる。化石となった集団の遺伝子解析に基づく年代決定では、これ以上高い精度は得られず、見かけは自然科学でありながら、結果はさらに不確かな場合もある。だが、私たちが扱った煤という火の記憶は、こうした方法論上の限界を明らかに乗り越えたのだ。ここでは、集団交代の時間を測る尺度は、数千年でも数百年でも数世代でもない。たった一年とは、指をぱちんと鳴らした瞬間に交代が起こったようなものだ。

したがって、ネアンデルタール人は蒸発したのではなく、私たちのうちに遺伝的に溶け込んだわけでもない。彗星《すいせい》や火山の噴火によって抹消されたのでもなければ、三〇万年にわたって存続したのち、サピエンスが自分たちの暮らす土地に到着したちょうどその年に生殖力を失ったのでもない。ほかの歴史的事象との類似点をここで挙げてもよい。アメリカ大陸の先住民は、確かにヨーロッパ人が持ち込んだウイルスと細菌によって大量に死んだが、天然痘や麻疹《はしか》、チフスやコレラで絶滅した民族はいない。第一に、アメリカ先住民社会の根絶の原因は、ヨーロッパ人との出会いに端を発する一連の歴史的な出来事にある。このような出来事は別々の事象だったには違いないが、いずれも植民地支配者の到来と無関係ではなかった。

愛してる、でも私はそうじゃない……

化石人類の絶滅を全面的または部分的に否定しようとし、かれらが生物学的・遺伝学的に私たちのうちに溶け込んだという説を提示するアプローチについても見直す必要がある。だが現時点で、遺伝学は、最後のネアンデルタール人の境遇については何も教えてくれない。現代人のうちに存続する数パーセントは、アジアのどこかで、もしかするとはるか昔の紀元前一〇〇千年紀頃に起こった交雑に起因するようだからである。ヨーロッパの中緯度地方では、初期のホモ・サピエンスの遺伝子情報の一部が復元できる場合、かれらの祖先には必ずネアンデルタール人が含まれることがわかっている。このことは、ルーマニア、ブルガリア、チェコ、シベリアで見つかった骨について確認された。だが同時に、古遺伝学では、このサピエンス入植期を生きた末期のネアンデルタール人のなかに、サピエンスとの交雑を示す証拠は見つかっていない。別の言い方をすれば、ネアンデルタール人が絶滅する直前の時期には、サピエンスとの交雑から生まれた混血のネアンデルタール人は見つかっていないのだ。したがって、この遺伝的交流は、ネアンデルタール人からサピエンスへという一方向にしか機能しなかったようである。

この奇異な現象のなかに、二つの集団の間に存在した関係をめぐる重要な情報の一つが含まれているかもしれない。ただし、ヨーロッパ大陸で両集団が接触した時期に、ネアンデルタール人かデニソワ人のＤＮＡがサピエンスの初期集団のうちに確認できるだけでなく、更新世には異なる集団間の遺伝的交流がごくあたり前だったらしいことは指摘しておこう。意外なのは、逆は真ではないことだ。ヨーロッパで最も新しい時代のネアンデルタール人について遺伝子の塩基配列を決定すると、サピエンスから先住ネアンデルタール人への遺伝子浸透〔外来の遺伝子が個体群集団のなかでまざりあい、在来遺伝子だけをもつ個体が少なくなっていく現象〕はまったく起こっていないことが示される。古遺伝学の分析手法の発展により、サピエンスの初期集団について新たに遺伝子の塩基配列を決定するたびに、この図式の正しさが確認されているようだ。ネアンデルタール人とサピエンスの関係に隠された意味は極めて重要である。そこからサピエンスのヨーロッパ入植時に両集団の間に見られた歴史的・民族誌学的な交流について、初めて包括的な理解が得られる可能性もある。

この奇異な現象のなかに、サピエンスがユーラシア大陸の極西部まで拡大した際に両集団の間に存在した関係を見極めるための鍵の一つがあるかもしれない。実際、クロード・

レヴィ=ストロースが一九四九年に発表した親族の基本構造に関する研究によって、女性の交換はあらゆる人間社会の組織に一貫して見られる基本的な要素であることが知られるようになった。二つの集団が友好関係を結ぶ場合、女性は決まって男性側の集団のなかで暮らすことになる。しかも、ネアンデルタール人の間でこの「夫方居住《おっとかた》」がすでに行われていたことは、遺伝学によって示唆されている。だが、この女性の交換は集団の生物学的存続を可能にするもので、基本的には「自分の姉妹をあげるかわりに、相手の姉妹をもらう」という相互性に基づく。両集団の遺伝的存続を保証するだけでなく、この行為によって集団間の友好関係を結んだり、永続させたりもする。末期のネアンデルタール人にサピエンスとの混血が見られず、逆にヨーロッパにおける初期のサピエンスには必ずネアンデルタール人との混血が認められるということであれば、その舞台がヨーロッパであれアジアであれ、この事実は両集団の間に存在した関係の性質に関する基本的な標識になりうる。つまり古遺伝学によって、「相手の姉妹はもらうが、自分の姉妹はあげない」という思いがけない非相互性が明らかになるわけだ。相互性の不在は、集団間の関係の基本的な構造の一つに影響を及ぼすものであり、この場合には衝撃的な情報だといえる。民族誌学では、遺伝子の交換は愛の物語を意味するのではなく、二つの人間社会が結ぶ友好関係の構造を支え、その構造の特徴を定めるものだ。今後の古遺伝学の分析によって、この図式が常に非対称であることが確認されるのであれば、両者がヨーロッパで出会った際に育まれた、熱烈とは言いがたい関係を確実に読み解くための最初の鍵が手に入るだろう。同時に、ネアンデルタール人の絶滅プロセスに関する基本的な手がかりが浮かび上がり、さらに、現在ユーラシア大陸に暮らす人々がもつネアンデルタール人の遺伝子の起源が明らかになるだろう。残念ながら、古遺伝学ではこの方向性をさらに発展させられるだけの十分な情報はまだ得られないが、ゆくゆくは、ネアンデルタール人とヨーロッパ大陸に入植したサピエンスとの交流の実際の様子が初めて垣間見られるかもしれない。

谷から谷への追跡

しかし古遺伝学は、ネアンデルタール人が姿を消した頃に両集団の間に存在した交流の詳細については、何も示さない。それでも、サピエンスの存在は考古学的記録に現れ、ネアンデルタール人の存在は消える。目の前に突きつけられるこの考古学的事実は、明らかな因果関係を伴いつつ、ヨーロッパ各地でネアンデルタール人の完全な絶滅まで繰り返される。

はっきりさせておくが、ネアンデルタール人は絶滅した集団である。厳密な意味で完全に絶滅した。仮にオオカミが一頭残らず姿を消したとして、プードルやチャウチャウやシャーペイがオオカミのほぼすべての遺伝子を保持しているからという理由でオオカミの絶滅を相対化するとしたら、それは論理的におかしい。ネアンデルタール人は現に死に絶えたのだし、おばあさんが飼っているプードルは（おばあさんにとって幸いなことに）オオカミではない。逆説的だが、オオカミにまったく似ていないイヌの場合に、イヌとオオカミの近似性が遺伝学的に最も際立つ。

すでに論証したように、北極ウラルの山腹に位置するビゾヴァヤ遺跡では、その担い手である人間の骨は見つかっていないものの、二万八五〇〇年前以降にムスティエ文化が存在した。この遺跡のように、四万二〇〇〇年前以降にネアンデルタール人が生存していた地域については、そこで暮らしていたのがヨーロッパの中心部から追い出された集団である可能性は低いようだ。北極地方の社会は、おそらく単に昔ながらの暮らしを続けた土着の集団で、最終的にはかれらの伝統も数千年後に消えたのだろう。この北極圏の社会がたどった運命についても、何もわかっていない。年代や気候、その他の要因について、延々と議論することはできるが、集団の完全かつ急激な交代を目の当たりにしていることは認めなければならない。サピエンスが出現すると、ネアンデルタール人は考古学的記録から消えるということだ。

つまり、私が言いたいのはこういうことだ。ネアンデルタール人は天寿を全《まっと》うできなかったのではないか。ただ、この時期に二つの集団が衝突したことを示す痕跡は、何一つ考古学的に確認されていない。ネアンデルタール・サピエンス戦争の考古学上の名残を見つけるには、この鍵となる時期の考古学的遺跡がさらに数多く存在する必要がある。ヨーロッパでは、四万年前から四万四〇〇〇年前頃にネアンデルタール人が暮らした痕跡が豊富に残り、かつ年代が確実な遺跡は、マンドラン洞窟などわずかな例を除いてほとんど存在しない。こうした遺跡で、両集団が衝突した区域を見つけられる確率は、当然ながらゼロに等しい。発掘とは、はるかな過去に向けて開かれたごく小さな窓である。洞窟の周りで何が起こったかを確かめようと、窓から身を乗り出して両脇を眺めることはできない。そのためには、土層が洞穴の外にも広がっていること、それが保存されていること、それを見つけるための調査手段があることが必要だ。全体が例外的によく保存されているだけでなく、そこで包括的な考古学調査を展開することも必要になる。洞窟はあくまでも戦略的調査領域だが、その洞窟一カ所だけを発掘するのではなく、丘全体や谷全体も発掘し、近隣の谷を通ってネアンデルタール人を追いかけ、谷から谷へ、洞窟から洞窟へとかれらの住居跡をたどることだ。このような形で保存された場所は存在しうるし、このような調査手段を講じることも理論的には可能だ。それができれば模範的な科学研究プログラムになるだろうが、私の知るかぎり、そのようなプログラムがこれほどの意欲をもって策定されたためしはない。マンドランは小さな洞穴だが、一般に洞窟を先史時代の人々の日常生活の場とみなすことはできない。そこは天井が居心地のよい空間を作りだす素晴らしい場所である。だが、マンドラン洞窟に住み着いた人々の日常生活の場は、今日《こんにち》私たちが理解するような意味での制約や区切りのない空間にまで広がっている。先祖伝来の定住生活、壁や障壁、道路や柵で人工的に区切られた世界に身を置く私たちには、ほとんど人の手が加えられていない絶対的な自然の世界で生きる、遊牧民や狩猟民のもつ自由の概念は想像もつかない。私たちはわずか数十平方メートルの発掘現場を設定するが、それは過去に開かれたごく小さな窓にすぎず、かれらが実際に支配した空間にはまったく対応していない。衝突が調査区域から二キロ（またはたった一〇メートル）の距離で起こっていた場合、私たちはそのわずかな痕跡さえ見つけられない。そのような出来事については決して知ることができないだろう。また、対決の痕跡があったとしても、これほど古い時代の場合は単に残っていないという可能性もある。古い時代の考古学的資料を、より新しい時代の衝突の証拠と比較するわけにもいかない。先史時代末期の新石器時代の遺跡には、衝突の証拠が残っていることもあるが、新石器時代といえば、もはや一〇倍も新しい時代である。新石器時代には、戦闘での大虐殺を示す共同墓地が見つかるが、それは単に、このような出来事が起こってから数千年しか経過していないからだ。ネアンデルタール人が消滅したのは、それとは比較にならないほど昔の話である。新石器時代に比べると、ネアンデルタール人の遺跡はごく少数しか見つかっておらず、多少なりとも完全なネアンデルタール人の遺体は極めて少ない。三〇万年という時間に対して、わずか四〇体ほどが知られているだけだ。衝突の不在を指摘することは、末期のネアンデルタール人の遺体の不在を指摘することにほかならない。考古学上の痕跡が見つからないという理由で衝突はなかったと主張することは、遺体が見つからなかったという理由でネアンデルタール人は消えていないと主張するのと同じくらい的外れだ。平たくいえば、私たちは考古学的空白、見通しの欠如に直面しているのであって、それによって衝突はなかったと証明しているのではない。

最後のネアンデルタール人と最初のサピエンスを隔てるのは、せいぜい一年である。ここでは（おそらくほかでも同じだが）、出会いは必然だった。ネアンデルタール人の絶滅と両者の出会いの同時性については、マンドラン洞窟の良質な記録をもとにすると、現在では議論の余地がないと思われる。私たちはいまや、この人類の絶滅を分析するために必要な科学的情報の大部分を手にしている。物理的な出会い、直後に起きた交代、そのプロセスの完了。つまり種の絶滅だ。

マンドラン洞窟で並んだ遺体が見つかったとしても、それが殺戮《さつりく》を示すかというと微妙だろう。暴力行為に由来する痕跡が確認できるかどうかは、骨の保存状態にかかっている。また、ネアンデルタール人の遺体が見つかった遺跡では、どこでも複数の遺体が発見されていることを強調するのもよいだろう。一五〇年にわたる調査の末、ネアンデルタール人の遺体は合計四〇体ほど見つかっているが、そのうち一〇体がたった一カ所、すなわちイラクのシャニダール遺跡から発見されたものだ。この一つの資料群だけに、ネアンデルタール人に関する主要データの四分の一が記録されている。このことは、その洞穴が長年にわたって墓地として機能していたか、あるいは単に風景のなかでも目立つこの巨大な洞窟が、数千年にわたってかなり多くのネアンデルタール人を引きつけ、その統計上のなりゆきとして複数の遺体がこの場に残されたかのいずれかを意味するのだろう。一つの遺跡や一つの土層に複数の遺体が存在するという事実の解釈は、決して容易ではない。一つの土層に、数百年や数千年にわたる人間の滞在状況が記録される可能性もあるからだ。実際、煤の分析のおかげで、マンドラン洞窟の最後のネアンデルタール人集団が、一〇〇回以上この洞穴を訪れながら、どうやら一つの遺体も残さなかったことがわかっている。この一〇〇回の滞在中に、誰も死ななかったからだろうか？　それとも、洞穴に死者を葬るという習慣がなかったからか？　あるいは、遺体は洞穴の外のどこか、もしかすると発掘現場の近くに安置されたのか？

歴史の断片的な繰り返し

いずれにせよ、紀元前四二千年紀以前と以後の話がある。マンドラン洞窟が位置するローヌ川流域は、いつの時代もヨーロッパの交通の要衝として機能してきた往来の活発な土地である。決して地理的な辺縁部ではなく、大陸全体の主要流通網における中心だ。したがって理論的には、最後のネアンデルタール人やかれらの文化を示す最後の証拠が見つかるのは、この地ではないはずである。逆にこの地では、現生人類のおそらく最初期の到来が確認できる。また、ある集団の到着と別の集団の消滅との因果関係を想定している以上、ネアンデルタール人の非常に遅い時期の痕跡をこの地に見つけることは期待できない。もっとも、さらに複雑なプロセスが種の絶滅に作用したと考えるのであれば話は別だが。

最後のネアンデルタール人の痕跡やかれらの手仕事を見分けられる痕跡は、どこで確認できるのだろうか？　おそらくスペイン南部と北極線周辺だろう。ロシアのペチョラ川が湾曲する部分に位置する、北極ウラルに近いビゾヴァヤ遺跡のマンモスの狩人たちが頭に浮かぶ。

とはいえ、マンドラン洞窟には往来の活発なローヌ回廊があり、まさにそこに最後のネアンデルタール人と最初の現生人類の証拠が見つかる。ネアンデルタール人社会が極めて限定的に存続した地理的な辺縁部と、この交通の要衝とは区別してよいだろう。どこであっても、ネアンデルタール人の消滅は、サピエンスの進出とセットで記録されていることが観察できる。そもそもユーラシア大陸各地では、ムスティエ文化の最後の痕跡と後期旧石器時代の出現との間に、はっきりとした空白はない。この出来事は、ローヌ回廊ではほかより早く現れ、移動の大動脈から遠ざかると遅くなるというだけだ。それでも、いつも同じ交代の図式が繰り返される。この事実を踏まえると、現生人類の出現は、ネアンデルタール人とその古来の知識が消滅した主たる要因ではなく、直接にして唯一の原因だろうという仮説は揺るぎないものになる。また、人類絶滅をめぐる問いについての取り繕った表現（気候変動、遺伝子や人口面での弱点、病気など）が、不快感をもたらしうる重大な歴史的事象に対して変に慎み深い立場をとっていることも懸念される。いってみれば、入植者の原罪が否定されているのだ。

もちろん、単一の考古学的遺跡のデータをもとに、全体を説明する図式を組み立てることはできない。それでもマンドラン洞窟は注目に値する例である。ここでは、三〇年に及ぶ継続的な調査によって、独自の堅牢なデータと類のない予想外の時間的精度が得られており、そのためにこの遺跡は模範的な事例となっている。マンドラン洞窟で得られた情報を理解し、説明するために、私はいつもヨーロッパの人々によるアメリカ大陸の植民地化と、数千年来この土地に暮らしていた極めて多様な先住民社会を比較に用いる。当然ながら、この出来事をひとまとまりとして考えることはできない。出会いの物語は、カナダの極北、アマゾン川流域、ティエラ・デル・フエゴ（南米大陸の南端に位置する島々）ではそれぞれまったく異なる。それでも、振り返ってみればこのプロセスは同じ結末をもたらし、その土地の集団が必然的に交代したことが確認できる。結果として、古来より受け継がれてきた知識、社会の構成、価値観、生活様式、言語が植民地化の影響を受けた。登場人物は単一の人類のみだったにもかかわらず、先住民集団の存在を支えていた全体的な構造が、二つの広大な大陸でわずか数世紀のうちに根絶された。この最近の植民地化の歴史からわかるのは、各地域が固有の物語を経験したとはいえ、アメリカ大陸のすべての人間社会に影響を与えた全体的なプロセスは同じだということである。先住民の社会を根底から動揺させ、消滅（より正確には根絶）の中心的な原因となったのは、数世代にわたって着実に進んだヨーロッパ人の入植である。このプロセスとそのスピードを分析すると、ネアンデルタール人絶滅の謎を解くための注目すべき枠組みと見解が得られる。アメリカ大陸の植民地化は、まるでユーラシア大陸西部の植民地化を、何千年も経て繰り返したかのように見えるのだ。この種のプロセスは、考古学的事実のなかでも科学的にはっきりと確認できると思われる。この人類交代の過激なプロセスは今後、地域ごとに詳細に裏づける必要があるとはいえ、それが最終的に明白な事実として受け入れられないとしたらかなり驚きである。人類交代の歴史的構造を詳しく解き明かそうとするなら、五〇〇キロメートルごとにマンドラン洞窟が必要だろうが、この方程式からサピエンスを取り除くことはできないと思う。そこではサピエンスこそが論理的なつながりを担っているからだ。だが、この明白な事実は、多くの同僚研究者から煮えきらない扱いを受け、過小評価されている。ネアンデルタール人は人口が大幅に減少したせいで遺伝的崩壊を招いたのだと反論する者もいれば、寒冷な気候がやや緩和されたことを引き合いに出し、それが森林の新たな繁茂につながり、集団の孤立を助長して種全体にとどめを刺したのだと主張する者もいる。この交代プロセスに含みをもたせる説はいくらでも考えられるだろう。私なら、含みは一切もたせない。ネアンデルタール人は、大昔から、気候や環境には縛られていなかったようだ。私は基本的に、一つの人類全体の完全な消滅を説明できるような気候変動や広義の環境条件はまったくないと考えている。現生人類が、ネアンデルタール人の絶滅と同時期に後者の領域へ到来したことは、このプロセスにおける客観性のある構造的事象であり、ネアンデルタール人の絶滅を包括的に説明できる唯一の出来事である。この件に関してサピエンスの潔白は証明できない。ヨーロッパ各地に固有の多様な状況に対しては、たとえば、アメリカやオーストラリアの先住民が追い立てられた際に遭遇したあらゆる多様な状況をそのまま当てはめることができる。

武器を取れ！　相違の出現

この時代にネアンデルタール人の遺伝的ダイナミズムが弱まっていたこと――ないとは言えない――を、確かな科学的根拠もなく認めるとしても、この人類がなぜ、どのようにして、スペインからシベリアまで、おそらくはさらに広い範囲で、数十万年もの間大きな問題に遭遇することもなく進化できたのかを説明する必要がある。ここでもまた、人口減少の可能性はサピエンス社会に固有の能力と関連づけられるだろう。サピエンス社会は狩猟技術の面で疑う余地なく優位に立っていたようで、そのために多くの動物性資源をはるかに容易に入手することができた。資源へのアクセスは、サピエンス集団の人口増加能力に大きく影響した可能性があることを考慮しなければならない。

武器の問題は、交代という現象だけでなく、ネアンデルタール人またはサピエンスの社会全体の仕組みを理解するうえで非常に重要だと思われる。一方は、獲物と直に接触する必要がある技術を使用してウマやバイソンを狩る。他方は、強力な機械的推進力を備えた武器（弓や投槍器）を使って、たいした労力も費やさずに何頭もの大型草食動物を半日で仕留める。こうした効率的な技術があるだけで、合理的かつ計画的に大量の動物性資源を入手できる。それはロール・メッツが博士論文『武器をもったネアンデルタール人？（*Néandertal en armes ?*）』で示唆したとおりだ。資源を容易かつ計画的に入手できたかどうかということの点は、両集団の人口格差に根本的な影響を及ぼしたに違いない。

このようなシナリオが想定できるのは、ネアンデルタール人がごくまれにしか武器を使わなかったらしいことが確かめられているからだ。ネアンデルタール人に関するどの資料群でも、数万点の石器のうち、武器はわずか数点が散発的に見つかるだけだ。しかも、ある意味でそれは、「必死で」武器を探すから見つけられるのだともいえる。こうした武器類は常にかなり大きく、形はそれぞれ異なり、多くの場合、技術的にはあまり洗練されていない。せいぜい（それが確かに武器だとすれば）槍の穂（＝刀身部分）ぐらいで、投げるのではなく突き刺して使われたようだ。近年、武器をテーマとする研究は数多く行われているが、結論は二つに分かれている。ネアンデルタール人の武器を強迫的に探求する姿勢は、ネアンデルタール人の芸術を探求する姿勢にそのまま重なるが、かれらの芸術性をめぐる論拠の危うさはすでに分析したとおりだ。芸術と武器の類似性は、学術文献にも見られる。要約すると、次のようになるだろう。ネアンデルタール人が武器をもっていたのであれば、かれらは私たちと同じような人類だったのであり、この集団は現代のサピエンス集団とまったく変わらなかったと躊躇《ちゅうちょ》なく結論できる、と。

しかし、このような結論と論証の構造は、ものの見事に逆説的に思える。この科学的論争を少し離れたところから眺めてみれば、経験的なデータが正反対の結論を示していることがすぐにわかる。充実した考古学的資料のなかで、とりわけ武器を組織的に調べたにもかかわらず、見つかった数少ない武器は、ネアンデルタール人が作ったもののなかでは驚くほど脇役だからだ。またこの事実からは、ネアンデルタール人の武装状況が、今日でもまだあまり理解できていないこともわかる。浮かび上がる武装技術の様相は、獲物を近距離から仕留めるような狩猟で使われる、大型の槍や投槍の製造を中心としたかなり単純なものだ。こうしたやり方の狩猟で使われるのは一本の槍だけで、至近距離にいる動物と一対一で対決することになる。マンドラン洞窟をはじめとして、各地のネアンデルタール人の地層で出土する武器は、長い柄に取り付けて使われた大きなものばかりだ。どうやら動物性資源を管理する能力はあまり高くなかったようで、そのために、集団の規模を比較的小さく維持する必要があったのかもしれない。逆に、サピエンスのもとで武器を探すと、どの資料群でも薄目でぼんやり眺めるだけで、狩猟活動に使われた可能性がある大量の道具類がすぐ目に留まる。ネアンデルタール人の工芸品のなかで、武器としての機能がおぼろげにでも認められる数少ない痕跡を明らかにするには、膨大な数の石器を細かく分析しなければならない。ネアンデルタール人の社会では、武器の存在感が驚くほど薄いのだ。ヨーロッパの後期旧石器時代には、その始まりにあたる四万二〇〇〇年以上前の原始オーリニャック文化〔＝オーリニャック文化の最初期〕の時期から、すべての社会で武器が中心的な位置を占めていたといってよい。この状況は、そのさらに一万年以上前の前・原始オーリニャック文化とも呼べる社会にも、おそらくすでに当てはまっていることだろう。ここでは、さまざまな観点から、後期旧石器時代という時間的な区切りと、こうした道具類の本格的な規格化を引き起こす内的要因でもある飛び道具の発達とが、一致していると捉えることができる。こうした両者の相違は質と量の両面で起こっている。ヨーロッパに入植した現生人類社会の技術的体系、そしておそらく社会的組織の中心は、武装技術の重要性を受けて大きく移動したようだ。弓術をはじめとする飛び道具によって、技術的伝統は石器の小型化、大量生産、規格化のほうへとシフトした。このシステムの転換は、威力の高い飛び道具によって引き起こされる弾道学上の制約に直接関連づけられる。

技術上・弾道学上の制約を伴うこのような現実を受け、サピエンス社会の技術的伝統の中心が文字どおり移動するだけでなく、動物界との関係、および自分たちが必要とする資源の全体量を計画的に管理する能力も変化する。すると、これらの技術の影響は、石器加工に留まらず、集団間および自然環境との間で育まれる食料調達面・社会面の関係全体にも及ぶようになった。以上から、社会、組織、価値観の変化、および集団の発展の舞台である自然界を合理的に管理する能力の変化を引き起こした構造的要因を理解することができる。武器の問題が、規格化、タンパク源の入手、計画、集団の繁殖と人口増加に関わっているのだ。

ここに、ネアンデルタール人社会とサピエンス社会の根本的な相違、もしかすると構造的な相違を認めることができる。

どうやら、ネアンデルタール人の狩りのやり方はサピエンスとは異なっており、獲物との関係も違っていたようだ。両集団がヨーロッパで出会ったとき、獲物の獲得方法は根本的に異なっていた。このプロセスを目の当たりにすると、やはりアメリカ大陸の植民地化に際して起こったプロセスを連想せずにはいられない。弓矢で武装した社会が、銃を装備したヨーロッパ人と出会ったときのことだ。両者の力関係は釣り合っていなかった。武装技術の問題は、この植民地化においても重要な役割を果たした。武力衝突の場面だけでなく、一九世紀の入植者がバイソンを絶滅に追いやることを決定し、インディアンを飢餓に陥れた場面でもそうだ。ここで、一八六七年にドッジ大佐が使った「バイソンが一頭死ぬたびに、インディアンが一人消える」という悲しい表現が思い浮かぶ。アメリカを東西に横切る大陸横断鉄道は、実際、バイソンの群れが何世代にもわたり平原を横切ることで刻まれた道筋に沿って建設された。例の西部開拓の一環として、バイソンの頭数に応じて報奨金が支払われたため、バイソンの個体数はわずか一世紀のうちに数千万頭から数百頭に激減した。そのため、アメリカの先住民社会は不平等な併合条約への署名を余儀なくされたが、その条約はほとんどまったく守られなかった。もちろん程度は異なるが、サピエンス集団の領域的拡大は、本質的に、それが未知の（あるいは単に先住集団が拒否した）武装技術を所有する活発な社会であることを示す指標となっている。このような拡大と活発な動きは、〝現代的な〟社会の肯定的な特性ではまったくなく、むしろ、その特性が先住集団に突きつけた具体的な歴史的現実を見るならば、際立って否定的な意味合いをもつ。

問いとして興味深いのは、実は武器の問題ではなく、武器がこれらの社会と集団の行動について、私たちに何を教えてくれるかである。私が考えるように、武装技術が人類交代の歴史的な理解に対する大きな鍵になるなら、その土地のネアンデルタール人集団は動物資源を入手する能力が劣っていた可能性があると認めざるをえない。それは、この集団は数が少なかった可能性があるという意味でもある。二つの集団が出会ったとき、両者の間には人口面でも技術面でも大きな差があったのだろう。それはまたしてもアメリカ大陸の植民地化のプロセスを連想させるが、アメリカでは両者の差が技術面・文化面の差に限られたのに対し、ネアンデルタール人とサピエンスの場合は違っていた。

二つの人類の基本的構造が明らかに……

ここで、特殊な要素を一つ加える必要がある。人類の生物学的多様性だ。ここまでに挙げた相違に加えて、さらにネアンデルタール人特有の生き方、環境への適応の仕方や理解の仕方が加わることはないだろうか？

別の言い方をすると、サピエンスの生態とは異なる、ネアンデルタール人特有の生態があるのではないか？

いかなるネアンデルタール人集団も、組織的に武器を製造したことがなく、獲物の獲得に特化した技術体系の確立につながったであろう標準化・規格化された武器の製造にも興味を示さなかった。この事実から、ネアンデルタール人の間には、サピエンスとははっきり異なる独自の世界理解の構造が存在したことが予想できる。その場合、こうした行動特性は神経構造の特異性を示唆している可能性があり、そこからネアンデルタール人特有の生態が実際に存在するのではないかと考えられる。こうして、技術体系、技能に関する知識と伝統、タンパク源の獲得方法を越えたところで単なる文化的現象よりも奥深い何かが起こっているかもしれないことが、そしてもう一つの人類の姿が浮かび上がるのはそのような謎を通してであることが、考古学から明らかになる。それは、ネアンデルタール人の社会はどちらかといえばなりゆき任せに組織されており、現代社会に今なお直接影響し、この社会を組織している計画性のようなものにはぼんやりとした興味しか示さない、ということを教えてくれるのかもしれない。サピエンスの技術体系を観察すると、計画性と規格化が必ず存在することがわかる。サピエンスの手仕事は技術的に優れている。ひと目で見事さがわかる手仕事と芸術の形態は、直感的に私たちの心に訴える。だがこうした成果物も、ネアンデルタール人社会の専門家にとっては驚くほど退屈で悲しいものでもある。というのも、旧石器時代のサピエンスの手仕事は結局、私たちそのものだからだ。私たちは、私たちの社会、私たちの生き方しか語らない。一〇〇点の石器を見れば、その技術的な論理はかなり容易に理解でき、次の一〇万点も同じ論理に従っているのだろうとわかる。その職人が何をしたかったのかも直感的に理解できるが、ネアンデルタール人が作ったものの場合には、決してそうはいかない。

ここで私たちは、二つの人類を隔てる根本的な相違に迫ることになる。わずか数万年前まで存在していた、固有の文化・伝統・技術を備える完全無欠の別の人類が、私たちが盲目的に慣れ親しんでいる狭い意味での人間的な存在ではなかったと想像すると、戸惑いを覚えるだろう。だが私たちは、ここですぐに自分自身を投影し主観的な等級づけをするのではなく、優劣の観念を押し付けることもなく、この別の人類を捉えられるようになる必要がある。時間を遡ってみれば、人類と人類以外という二項対立の図式は、当然ながら間違っている。実際、時間を遡っていくと、それほど遠くないある時点で、私たちは人間も人類に似た動物もいない惑星に連れていかれる。技術的・社会的・生物学的進化があるのだから、私たちの図式や定義を遠い昔の人類に、ましてや生物学的に化石となった人類にそのまま当てはめることはできない。この考古学は、私たちの分類体系が、私たちだけにしか通用しない硬直した枠であり、私たちには理解しきれないとてつもなく複雑な歴史をただ整理するためにしか役立たない枠であることを教えてくれる。

それでも、際立ったネアンデルタール文化は確かに存在する。かれらとは異なる私たちホモ・サピエンス・シタデンシス〔都会で暮らすホモ・サピエンスの意〕は、私たちの社会の枠組みに完全にはめこまれている。多様性の表現が、せいぜいスマートフォンのカバーや車の色の選択に限られていることに気づくには、しばらく街を散策するだけで十分だ。現実には、私たちの社会では、真の複数性の表現は一切容認されない。すべては決められた枠内に収まっている必要がある。今日の欧米社会では、女性はロングヘアでもショートヘアでも、ズボンでもスカートでも構わないし、メイクをする・しないも自由だが、男性にとっては同じようにはいかない。私たちは過度に統一され、硬直化した社会に組み込まれているが、よく考えてみれば、それは現在と現在の背景、および過去における、あらゆるサピエンス社会の特性なのだ。すべてのサピエンス社会では、いつの時代も相違は悪いものとして受け取られ、最も表面的で些末な部分でしか許容されない。それはきっと、そもそも遺伝子に深く刻まれている現象、つまり生態によるのであり、単なる文化的現象ではないのだろう。私たちは非常に規範的な表現に縛られて生きている。たとえば、洋服なら服装規範がある。このような社会規範のおかげで、自分のグループを見分け、ほかのグループとは距離を置くことができる。他者は私たちとは異なるのだから、本質的に多くの（それも非難すべき）点で疑わしい存在だ。すべては、常に強制的に一つの枠やカテゴリーに収められる。このような文化規範には、基本的に違反する者もいないまま、過去数十世代にわたって受け継がれてきたものもある。

　ネアンデルタール人の場合、このような規範ははるかに捉えにくいように思える。いや、注意してほしいのだが、ネアンデルタール人は最初に目に入った石灰岩の石ころを拾って、自分の手に打ちつけ、形の悪い破片を得るようなことはしない。かれらは十分に高度な技術を使いこなせる、非常に優れた石工である。加工技術に秀でており、かれらの石器のなかには現在復元しようとしても技術的に難しいものがある。見事な技能が継承されているのだ。職人たちはさまざまな種類の道具を作り、それが毎日の諸々の活動（肉を切る、皮をなめす、など）に使われているが、そうした道具は毎回異なる。ムスティエ文化の石器には同じものがまったくないが、これは注目すべき事実である。ただし、異なる集団の標識とみなせる、様式らしきものは認められる。継承と固有の技能が存在したことに疑いはない。だが、それは標準化・規格化されもしなければ、組織的に反復されもしない文化である。先史時代のサピエンス文化と現在の社会の両方を特徴づける、ほとんど工業的といってよい特徴はない。ここでようやく、二つの人類の基本的な構造が目の前に現れる。ネアンデルタールとサピエンスの大きな違いを示す要素だ。ネアンデルタール人の道具一つ一つは、本質的に創作物である。かれらは、素材の自然な形、石の質感や色や手触りを生かす。ムスティエ石器は、言葉で表現しがたい調和と完成度を確かに備えており、それが見事な世界観を描き出している。ネアンデルタール人によって、素材と技術的伝統の間で一貫して繰り広げられる営みを前にすると、私たちは自分たちの理解を超えた絶対的な創造性の豊かさを思い知らされる。そして、この独創的な作品を無限に生み出す営みは、明確な伝統の存在をはっきりと示しつつも、素材となる石の材質と質感と色と密接に関わり合い、創作物の全体的な調和を導いたり、その調和に貢献したりする。私たちが目にしているものは、私たちの社会の技術的生産物とは比べようのない、無限の創造性である。道具と素材が織りなすこの微妙な相互作用は、この集団の文化的遺産に応じて明らかな多様性を見せるとはいえ、ネアンデルタール人の道具一つ一つの唯一性の基礎を成すものだと思う。こうした相互作用を経たうえで、職人は技術を柔軟に選択し、その多様な技術を駆使する。したがって、得られる一つ一つの道具は本質的に一点ものである。反復的な日常活動の領域に対応してはいても、職人の個性はこの集団の文化的伝統の全体を通して感じとれる。かれらの石器は技術を駆使したものでありながら、そこに二つとして同じ品はない。この点は、職人が受け継ぐ技術的伝統には関係なく、必然的にかれらの精神構造に行き着く。このような独創性には、職人としての絶対的な自由と、おそらくは世界の捉え方をめぐる極めて大きな自由が表れている。ここで、ネアンデルタール人の職人による道具の生産に表れた世界の現実の捉え方は、先史時代にせよ現在にせよ、サピエンス社会で見られるものとは構造的に異なると言ってもよいだろう。しかしそうすると、ムスティエ石器を一部の非西洋の概念と結びつけることになる。日本語の「渋い」や「間《ま》」、マオリ語の「マナ」〔マオリの社会で人や聖なるものに宿ると信じられる超自然的な力のこと〕などだ。きっとそのような感覚の領域が、ネアンデルタール人の物質的生産物の第一の定義に最もふさわしいに違いない。

だが、ネアンデルタール人の手仕事の構造と、現代の一部の精神的潮流との類似性を指摘できるなら、サピエンスとネアンデルタール人の生き方には、構造上まったく区別はないと考えるべきなのだろうか？　私に言わせれば、これらのデータをそのように解釈することはできない。ここで比較しているのは、あくまで伝統の複数性が非常に大きいことが確認できるネアンデルタール社会全体と、一部に限定された思考の潮流だ。ネアンデルタール社会の構造と、現在の文化的主流から外れて孤立した表現とを比べているわけだ。生物学的集団全体に共通すると思われる構造と、ごく限定された一部の文化的感性との対比。したがって、こうした考察によって、ネアンデルタール人の生態をめぐる現実が明らかになる可能性が、ある程度は得られる。するとすぐに、従来この化石社会の分析で使用されてきた量的アプローチが、この生態の特殊性を考慮に入れられるものではないことが判明する。数に関係なく、道具類に宿る「渋さ」や「マナ」を考慮に入れられないのと同じことだ。こうした数量化できない要素、すなわち潮流や感性や概念などの存在が問題となるが、それでも社会全体の骨組みは、こうした要素に備わる固有性によって構成されている。したがって、ここで問われるべきは、このような概念の具体的な現実ではなく、科学的であることを目指す量的アプローチが、人間社会の構成要素をどれだけ考慮に入れられるかだ。しかし、ネアンデルタール人の精神世界の地図を描けるようにするものは、感覚的アプローチでも美学的アプローチでもない。美学では、ムスティエ石器の最も表面的な質感の部分しか扱わないが、そこで行われる精神構造の分析からは、結局はそれに人間行動学という研究の一分野全体で取り組む必要があることが示唆される。一方で、技術体系の分析は、この四〇年間強力に推進され、絶えず新たなものが出現しているにもかかわらず、行動学上の相違の可能性を認識することも概念化することもできていない。このツールが目的を達成できないのではなく、その目的で使われたことがなかったのだ。私たちの精神の枠組みに取り憑かれた状態、限られた合理性の投影に取り憑かれた状態でしか使われたことがなかったのだ。その合理性は、最近まで、伝統的な社会を自給自足経済として理解させてきたのと同じ、誤った合理性である。未知の社会に対する私たちの欧米的な投影を自覚するには、一九七二年のマーシャル・サーリンズによる見事な分析、『石器時代の経済学』〔邦訳は法政大学出版局、一九八四年／新装版二〇一二年〕を待たなければならなかった。二〇二二年現在、伝統的な社会に対する理解はいくらか進んだが、化石社会に対する理解は現在の西洋的なものの見方によってかなり狭められているようである。(不)適切な問いを提起するよう努めなければ、はるか昔のネアンデルタール人の手仕事を分析しても、たとえそれで単純な数量面では正確さを極められたとしても、そこで営まれていた精神世界に向き合うことはできない。それは過去にもできなかったし、今後もできないだろう。

私たちは、ネアンデルタール人の手に宿る知性を認識はできても、その範囲を明確にすることはできない。それは純粋に技術的な知性をはるかに超え、美や調和、作られた道具類とそれを生み出した者の特異性を示す非合理的な機能といった、あらゆる概念を超越している。サピエンスの工芸品や芸術品は美しい。しかし、美しいだけだ。それを超えることはめったにない。サピエンスの場合、芸術は自我の表現や主張でしかない。ネアンデルタール人の創造性や感性は、私たちの社会の自己中心的な作品をはるかに超越し、一種の普遍的な美に到達しているように思われる。この普遍的な美において、自我の占める位置は中心から大きく外れている。この考え方に従うと、芸術や象徴や記号は、日常の工芸品から切り離せないようだ。というより、切り離す必要がない。機能は同じなのだから。技術的表現と芸術的表現は、同じ包括的な論理に組み込まれている。芸術のための芸術は、芸術家について語る。技術と融合したネアンデルタール人の芸術は、人物や個人や自我について語ることはもはやなく、集団全体のあり方だけを語る。

この結論が正しければ、私たちは自分たちの種の思いがけない定義に触れ、また、非常に異なる人類の特徴を感じ取ることになる。この人類を理解するには、かれらの芸術や記号の意味を、私たちの社会が規定し閉じ込めた偏狭な定義のなかに探し求めてはならない。ここで、ネアンデルタール人の芸術をめぐる問題は、先ほど提起したネアンデルタ－

ル人の武器の定義とも完璧に重なる。ネアンデルタール人の芸術が存在するとしても、それはどうやら武器と同様に、珍しいものの収集、ひっかいた跡、不可解な線などわずかなものに限られ、その意味は決まって疑わしい。変わったもの、貝殻、鉤爪、鉱物などがもつ客観的な目的性や意図は、職人によって主張されたこともなく、客観的に認められたこともない。歯や貝殻や骨をぶら下げるためにネアンデルタール人が開けた最初の穴は、いまだに見つかっていない。それなのに、わずかばかりの不可解であやふやな線が、「ほら見て、かれらも私たちと同じなんだ」と主張するために列挙される。武器についても同じだ。このような数も少なく一つ一つが異なる武器を並べるほど、いかにも矛盾した説得力のない芸術作品を列挙するほど、この集団が私たちの解釈と単純化の枠組みをあらゆる形ではみ出すことに気づくのだ。

いや、ネアンデルタール人はサピエンスの代用品ではない。しかも両者は異なるだけでもないようだ。ネアンデルタール人は精神面の多くで、集団や個人の区別を求めるサピエンスの自我から本質的に解放された、尽きることのない完全なる独創性によって、サピエンスの上に立っていたに違いない。この意味で比較すると、私たちサピエンス集団の創造性は、非常に表面的で人工的である。創造性の分野では、サピエンスはきっとネアンデルタール人の足元にも及ばず、この観点から見ると、私たちの祖先の知性は明らかに劣っているだろうと言ってもよい。だが、世界の物質的合理化という点では、おそらくネアンデルタール人は、サピエンスに一歩譲ることになる。

ネアンデルタール人とは異なり、私たちサピエンスは、本質的に相違を受け入れることが苦手である。そのせいで、ほかの人類やほかの生態を表現することが、すべて困難になる。私たちにとって、真の相違を理解することは、かなりの無理をすることと同義なのだ。しかし、時間を遡れば、過去に存在した人類を違いのない一枚岩のように捉えることはできない。それは私たちの創造説2.0だ。古遺伝学によれば、ネアンデルタール人はホモ・サピエンスではない。二つの集団は数十万年の間に分岐し、それぞれが異なる形に同時に進化し、それぞれのやり方で異なる環境に適応した。

遺伝学が説明する各集団の生物学的相違は、工芸や武器だけでなく、芸術など人間社会を組織するあらゆる領域に反映されている。科学者たちは、ネアンデルタール人と私たちを結びつけるような類似の印を見つけようとしてきたが、そのたびに、単純化されたテーマに基づくバリエーションしか見つけられなかった。私に言わせれば、それはネアンデルタール人を私たちの同類とみなす根拠にはまるでならない。落ち着いて考えてみれば、それは幸せなことだ。骨の先端や石に刻まれた線は、今日私たちが理解するような狭義の芸術的構想の証明にはならない。マンドラン洞窟の最後のネアンデルタール人とショーヴェ洞窟の芸術家は、六〇〇〇〇年しか隔たっていない。つまり、時間差はないといってよいのだ！　それでも、この最後のネアンデルタール人は一〇万年、二〇万年、三〇万年前の集団と同じ生き方をしている。だから、骨に刻まれたあまり意味のない線に注目するのではなく、こうした社会を物質的生産物全体から理解しようとしなければ、そしてこうした物質的生産物全体をありのままに捉えようとしなければ、問題の本質を見逃してしまうだろう。第一の問題は、ネアンデルタール人が作ったものがどのような点で私たちに似ているかを把握することではなく、それらの根本を構成するものを定義することだ。主観によって象徴的な標識とみなされるあやふやで瑣末《さまつ》な物事に注目することは、木を見て森を見ないようなものだ。ネアンデルタール人は注目すべき無数の工芸品を残した。それは幾度も明確に、この集団の精神構造がどのようなものだったかを教えてくれる。ネアンデルタール人が本質的にどのような存在だったかをめぐるこの議論や思索（の欠如）は、決まっていくつかの道具類、古めかしい概念、昔発掘された遺跡に焦点を絞っている。アルシー＝シュル＝キュールの骨の装身具と加工品、シャテルペロン文化とそのネアンデルタール人の職人の問題は、すべてこのような議論で焦点となるのだが、こうした要素にいくら注目しても、かれらの思考の基本的な構造や、この絶滅した人類がどのような存在だったかに向き合うことはできない。

結論 この生き物を解放せよ

もちろんほかのアプローチも考えられるし、そうしたアプローチも擁護されなければならない。私は三〇年近く前から、年に二カ月から四カ月のペースでネアンデルタール人の遺跡を発掘しているが、人々がネアンデルタール人の本質について売り込もうとしているものは認めていない。嘆かわしいことに、ネアンデルタール人の本当の姿に対するこの偏った視線は、現在一般大衆に提示されているほぼ唯一の視線である。確かに、うまく整えられたこの視線によって、好ましく、こぎれいで、どこから見ても問題なく、私たちの枠をはみ出すことのないネアンデルタール人像が提示されてきた。よくある議論はネアンデルタール人の再評価をめぐるもので、かつて野蛮さの証とみなされていた差異は、一九世紀と二〇世紀の人種差別的な視線の遺産でしかないとするものだ。しかし、人種差別的な視線に急いで反発するあまり、人々は人種差別《レイシズム》とは何かを分析しようとしない。そして、目の前で展開する根深い投影プロセスの分析を拒む。本当の意味での人種差別とは、差異を拒否することである。差異を否定し、人間から遠ざけることだ。人種差別は、三つ揃いのスーツを着た平原インディアンの古めかしいイメージだ。まるで私たちではないか。

ネアンデルタール人を私たち自身の枠に限定することによって、私たちは無意識の人種差別の顔を暴き、表面に浮上させる。この人種差別の顔は、本質的にはいまだに私たちの社会の枠組みを構成しており、そのために私たちはあらゆる他者性、つまりは差違を理解できなくなっている。いかなる差違も、私たちにとっては人間性ではありえない。なぜなら、私たちは人間性の定義を、自分たちの偏狭な現実に限定しているからだ。

これが、二つの真っ向から対立する見方だ。私が示す見方は、私にとっては単なる主観的現実を捉える方法ではない。それは、先入観のない思索を重ねた成果であるという意味で客観的である。この思索の成果は、三〇年近くにわたり、ネアンデルタール人の遺物に日々接するなかでゆっくり熟したものだ。今日《こんにち》の私には、世界との関わり方にはかつて、実に多くの段階的な差違が存在したのだと思える。数十万年もの間、別々に進化した集団が、私たちとまったく同じ世界との関わり方を発達させたと主張する客観的・論理的・合理的な理由は一つもない。ここでもまた、そのような思考の無意識の構造が、私たちの社会で無意識の創造論的な見方が相変わらず存続する原因になっている。すなわち、すべての知的な生き物は当然、私たちが到達したものになろうとし、それを決して超え出ることはないという見方だ。

ここに、動物行動学、技術的伝統とその体系、同じ地域に共存した二つの集団の同時代性、両集団の際立った非対称性というすべての要素が揃っている。

ネアンデルタール人に何が起こったのか？

かの有名なマンドラン洞窟の煤の研究を信じるなら、この二つの人類の代表はこの土地で、場合によってはこの洞穴内で、実際に出会った。アメリカ大陸の植民地化の大筋を思い描くなら、連鎖的にすべての伝統的な社会を動揺させた全体的な不均衡の存在が見えてくる。それは、ヨーロッパ各地で起こったこのような具体的な出会いに関するエピソードの総和を示しているわけではないが、私たちの手元にはすでに、この特異な地理的空間における集団交代の主要な節目を解明するためのすべての要素が出揃っている。マンドラン洞窟には、大陸の別の場所でも通用する一連の人類学的なパターンが記録されているが、それは各地で必然的に多様な歴史的プロセスに応じて異なるものだし、地域ごとに定義される必要がある。最後の大規模な人類の絶滅を引き起こしたのは、こうしたメカニズムとプロセスである。その考古学的記録は、四万年の時を経て、解読できる者にとっては注目に値する証拠をもたらした。

新たな視線が浮かび上がる。ネアンデルタール人はようやく、私たちが無理やり割り当てた惨めな模倣者の役から解放されるのか？ かれらはついに完全な自由を取り戻すのか？

そう期待すべきである。だが今のところ、この生き物はまだまだ長い間、私たちの偏見に囚われたままでいるのではないか、という気がする。人は、自分自身からそう簡単には離れられないものだから。

参考文献

本書を構成する各章は、膨大な資料群に基づいており、それらは基本的に英語で書かれた専門誌で読むことができるが、ネアンデルタール人について語った本書が対象とするのは、最も広い範囲の一般大衆である。本書は、このはるか昔に存在した集団に対する極めて私的な考えを明かし、研究生活でたどってきた道筋の一部を紹介したものである。したがって本書の記述は、ネアンデルタール社会の根本的な構造に関してすでに書かれた著作に着想を得たものでもなく、主流であろうとなかろうと、ネアンデルタール研究の大きな潮流を説明しようとするものではない。

そのため本書は、この絶滅した人類についてまったく自由に意見を述べ、その意外な側面を探ることをとおして、私たち自身の往々にして生々しいイメージを映し出している。以下に提示する参考文献は、人類を探求する際の視線や体験に関するもので、わずかであっても、私たち自身の世界の捉え方に関する根深い構造に触れることを可能にするものだ。本書では、私自身の思索を通じてそうした視線や体験に近づこうとした。

Albert B., Dreyfus-Gamelon S., Razon J.-P. (dir), «Chroniques d'une conquête », *Ethnies*, 1993, 7 (14), p. 1-118.

Artières P., *Le Dossier sauvage*, Gallimard, « Verticales », 2019.

Bachelard G., *La Formation de l'esprit scientifique. Contribution à une psychanalyse de la connaissance*, Vrin, 2004.〔邦訳はガストン・バシュラール（及川馥訳）『科学的精神の形成――対象認識の精神分析のために』平凡社、二〇一二年〕

Beuys J., Harlan V., *Qu'est-ce que l'art ?*, L'Arche, 2011.

Catarini, S., *Les Non-Dits en anthropologie, suivi de Dialogue avec Maurice Godelier*, Thierry Marchaisse, 2012.

Descola P., *Par-delà nature et culture*, Gallimard, 2015.〔邦訳はフィリップ・デスコラ（小林徹訳）『自然と文化を越えて』水声社、二〇二〇年〕

Descola P., Taylor A. C. (dir.), *La Remontée de l'Amazone. Anthropologie et histoire des sociétés amazoniennes*, numéro spécial de *L'Homme*, 1993, 126-128, avril-décembre.

Godelier, M., *La Production des Grands Hommes*, Flammarion, « Champs », 2009.

Godelier, M., *Les Tribus dans l'histoire et face aux États*, CNRS Éditions, 2010.

Hell B., *Le Sang noir. Chasse et mythe du sauvage en Europe*, Flammarion, 1994.

Kroeber T., *Ishi. Testament du dernier Indien sauvage de l'Amérique du Nord*, Plon, « Terre humaine », 1968.〔邦訳はシオドーラ・クローバー（行方昭夫訳）『イシ——北米最後の野生インディアン』岩波書店、二〇〇三年〕

Lee R. B., DeVore I., (dir.), *Man the Hunter*, Aldine Publishing Company, 1968.

Lévi-Strauss, C., *Les Structures élémentaires de la parenté*, Presses Universitaires de France, 1949.〔邦訳はクロード・レヴィ＝ストロース（福井和美訳）『親族の基本構造』青弓社、二〇〇〇年〕

Lévi-Strauss, C., *Race et histoire* (1952), Denoël, 1987.〔邦訳はクロード・レヴィ＝ストロース（荒川幾男訳）『人種と歴史』みすず書房、二〇〇八年など〕

Lévi-Strauss, C., *Tristes tropiques*, Plon, « Terre humaine », 1955.〔邦訳はクロード・レヴィ＝ストロース（川田順造訳）『悲しき熱帯』中央公論新社、二〇〇一年など〕

Lévi-Strauss, C., *Anthropologie structurale*, Plon, 1958.〔邦訳はクロード・レヴィ＝ストロース（荒川幾男ほか訳）『構造人類学』みすず書房、二〇二三年〕

Lévi-Strauss, C., *La Pensée sauvage*, Plon, « Terre humaine », 1962.〔邦訳はクロード・レヴィ＝ストロース（大橋保夫訳）『野生の思考』みすず書房、一九七六年〕

Lévi-Strauss, C. (dir.), *L'Identité. Séminaire interdisciplinaire dirigé par Claude Lévi-Strauss, professeur au Collège de France. 1974-1975*, Grasset, 1977.

Lévi-Strauss, C., *Le Regard éloigné*, Plon, 1983.〔邦訳はクロード・レヴィ＝ストロース（三保元訳）『はるかなる視線』みすず書房、二〇〇六年〕

Lewis M., Clark W., Far West. *Journal de la traversée du continent nord-américain 1804-1806*, Phébus, « Libretto », 2000, 2 vol.

Loeb A., *Le Premier Signe d'une vie intelligente extraterrestre*, Seuil, 2021.

Malaurie J., *Les Derniers Rois de Thulé*, Plon, 1976.〔邦訳はジャン・マローリー（柾木恭介訳）『チューレの最後の王』大日本雄弁会講談社、一九五八年〕

Malaurie J., *L'Appel du Nord. Une ethnophotographie des Inuits du Groenland à la Sibérie : 1950-2000*, La Martinière, 2001.

Malaurie J. (dir.), *De la vérité en ethnologie... Séminaire de Jean Malaurie 2000-2001*, Centre d'études arctiques/EHESS/Economica, « Polaires », 2002.

Morris D., *Biologie de l'art*, Stock, 1961.〔邦訳はデズモンド・モリス（小野嘉明訳）『美術の生物学——類人猿の画かき行動』法政大学出版局、一九七五年〕

Morris D., *Le Singe nu*, Grasset, 1968.〔邦訳はデズモンド・モリス（日高敏隆訳）『裸のサル——動物学的人間像』角川書店、一九九九年〕

Musée de l'Homme (catalogue d'exposition), *Arts primitifs dans les ateliers d'artistes*, Société des amis du musée de l'Homme, commissaire général de l'exposition Marcel Evrard, 1967.

Plumet P., *Peuples du Grand Nord*, Errance, 2004, 2 vol.

Quppersimaan G., *Mon passé eskimo*, Gallimard, 1992.

Sahlins M., *Âge de Pierre, âge d'abondance. L'économie des sociétés primitives*, Gallimard, 2017. 〔邦訳はマーシャル・サーリンズ（山内昶訳）『石器時代の経済学』法政大学出版局、二〇一二年〕

Solecki R. S., *Shanidar, the First Flower People*, Alfred A. Knopf, 1971. 〔邦訳はラルフ・S・ソレッキ（香原志勢・松井倫子訳）『シャニダール洞窟の謎』蒼樹書房、一九七七年〕

Wachtel N., *La Vision des vaincus, Les Indiens du Pérou devant la Conquête espagnole, 1530-1570*, Gallimard, 1971.

著者 リュドヴィック・スリマック Ludovic SLIMAK

世界的に有名な先史学者。ネアンデルタール人社会に関する研究の第一人者であり、現在この分野で最も活発に重要な発見を行っている研究者でもある。CNRS（フランス国立科学研究センター）在任。ローヌ渓谷のマンドラン洞窟をはじめ、赤道直下から北極圏までの発掘調査を指揮。「最後のネアンデルタール人社会」に焦点を当て、これらの集団に関する数百の研究論文を著している。その研究は『ネイチャー』、『サイエンス』、『ニューヨーク・タイムズ』、『エル・パイス』などでも紹介されている。本作『裸のネアンデルタール人』は、2022年にフランスで出版されるや否や話題を呼んだ。

訳者 野村真依子 のむら・まいこ

フランス語・英語翻訳者。東京大学文学部卒、同大学院人文社会系研究科修士課程修了。訳書に『こころを旅する数学』（晶文社）、『問題解決のための名画読解』（早川書房）、『フォト・ドキュメント 世界の母系社会』、『ミューズと芸術の物語 上』（ともに原書房）、『アートからたどる 悪魔学歴史大全』（共訳、原書房）など。

翻訳協力 株式会社リベル

裸《はだか》のネアンデルタール人《じん》

人間《にんげん》という存在《そんざい》を解《と》き明《あ》かす

2025年5月10日　第1刷発行

著者 リュドヴィック・スリマック
訳者 野村真依子《のむらまいこ》
発行者 富澤凡子
発行所 柏書房株式会社
東京都文京区本郷2-15-13（〒113-0033）
電話（03）3830-1891［営業］
（03）3830-1894［編集］

装丁 北村陽香
組版 株式会社キャップス
印刷 壮光舎印刷株式会社
製本 株式会社ブックアート

Japanese text by Maiko Nomura 2025,
Printed in Japan
ISBN 978-4-7601-5604-7